智/能/感/知/技/术/丛/书

基于人机物协同的群智感知技术

张 波 张 征 高 慧 著

U0291213

北京邮电大学出版社
www.buptpress.com

内 容 简 介

群智感知是随着智能硬件的兴起而产生的最具前景的数据收集方式之一,当前已经在寻人、寻物等大数据领域取得了广泛的应用。但随着无人机等新型无人智能设备的出现,群智感知迎来了新的机遇和挑战。本书主要探讨群智感知技术的前沿问题,特别关注基于"人-机-物"协同的群智感知关键技术。

本书从群智感知的研究背景、发展现状和相关技术出发,系统地对多任务环境下的参与者选择、基于能耗的感知动作推荐、基于协作的参与者隐私保护、基于互信息最大化的协同数据采集、基于深度学习的无人机调度规划以及群智感知的其他应用进行介绍和分析。本书适合对群智感知等物联网技术感兴趣的相关人员阅读。

图书在版编目(CIP)数据

基于人机物协同的群智感知技术 / 张波,张征,高慧著. -- 北京:北京邮电大学出版社,2022.8
ISBN 978-7-5635-6726-3

Ⅰ.①基… Ⅱ.①张… ②张… ③高… Ⅲ.①智能传感器－数据采集 Ⅳ.①TP212.6

中国版本图书馆 CIP 数据核字(2022)第 145458 号

策划编辑:姚 顺 刘纳新　责任编辑:姚 顺 谢亚茹　责任校对:张会良　封面设计:七星博纳
出版发行:北京邮电大学出版社
社　　　址:北京市海淀区西土城路 10 号
邮政编码:100876
发 行 部:电话:010-62282185　传真:010-62283578
E-mail:publish@bupt.edu.cn
经　　　销:各地新华书店
印　　　刷:唐山玺诚印务有限公司
开　　　本:787 mm×1 092 mm　1/16
印　　　张:12.5
字　　　数:236 千字
版　　　次:2022 年 8 月第 1 版
印　　　次:2022 年 8 月第 1 次印刷

ISBN 978-7-5635-6726-3　　　　　　　　　　　　　　　　定　价:48.00 元

智能感知技术丛书

顾问委员会

前　言

　　随着计算机软硬件技术的发展,物联网、云计算、大数据、人工智能等技术逐渐渗透于经济社会的各个领域。作为信息化基石的数据在各行各业的发展中起着至关重要的作用,数据的收集、处理、应用技术也有日新月异的发展。在传统的数据获取过程中,低效率的人工测绘等方式难以满足当前大数据应用的需求。虽然物联网技术引发了数据获取的新一轮革命,但物联网设备多为低功耗设备,无法对大范围的环境进行感知,如果要同时部署充分满足感知任务需求的传感器,必然会带来不菲的安装、维护成本。

　　随着以智能手机、手表为代表的智能终端用户数量的增长,各种高性能的传感器也逐渐融入人们的生活,人们开始以各种方式分享数据,这些数据极大地丰富了人们的日常生活,也对整个社会产生了深远的影响。例如,借助于用户上传的移动速度、位置等信息,地图软件能够精准地向用户展示当前的交通状况,从而达到一种"我为人人、人人为我"的境界。在这种情况下,群智感知(Crowd Sensing)顺势而出。群智感知将智能终端用户作为感知节点,将其携带设备所包含的传感器作为感知单元,通过人们有意识或无意识的参与来收集任务所需的数据。人们的主观能动性使得群智感知不但降低了数据收集的成本,也提高了数据收集的多样性和可靠性。同时,群智感知可以随着移动互联网和传感器硬件的发展而不断进化,具有传统传感器网络无法比拟的优势,可用于完成复杂的社会化感知任务。同时,随着5G商用的加块、NB-IoT等标准的制定,群智感知将在以智慧城市为代表的大数据应用中发挥越来越重要的作用。

　　然而,受移动终端设备的高度异构性、动态多变性与数据收集过程中参与者的主观性等因素的影响,通过群智感知系统收集到的数据在精度、覆盖度、时延等方面存在动态不确定性。一方面,只有在群智感知中应用合理的收集机制和管理手段,才可以有效防止感知服务频繁失效,保证群智感知数据收集的服务质量;另一方面,通过协作机制,可以让部分参与者不将自己的信息完全暴露给服务器,从而可以在某种程度上降低参与者的安全风险,有效提高参与者对感知任务的认可度和参与热情。

　　此外,在地震、战争、核泄漏等极端场景中,感知环境极其恶劣,通信、补给困难,人类的活动范围十分有限,群智感知系统也难以发挥其应有的作用。而随着无人机、无人驾驶汽车等新一代智能设备的出现和使用,群智感知的数据收集能力大大加强,如无人机可以在短时间内到达人们难以到达的区域、无人驾驶汽车可以携带大量的高性能传感器和高容量电源等,这使得群智感知可以收集到分布更为广泛、精度更高的感知数据。依托以无人机、无人驾驶汽车为代表的无人智能设备,群智感知将逐渐演变成融合"人-机-物"等多种异构感知节点的协同感知,从而能够更好地通过收集数据来完成对危险甚至极端物理环境的还原。但是新一代智能设备的巨大差异性导致群智感知网络的复杂性大大增加,同时新一代智能设备的能量消耗、使用成本与智能手机差距较大,这都给新一代智能设备的普及带来了一定的困难。这就使得群智感知系统必须对无人智能设备进行合理的管理、选择和调度,让它们能够与智能终端用户进行有效的配合,从而实现无人智能设备的高效利用。

因此,为了让无人智能设备更好地应用于群智感知,推动群智感知系统的发展和进化,需要考虑各种因素,根据场景类型、时间、地区等不同的因素对不同类型的感知节点进行调度,从而高效地完成感知任务。随着服务器及感知设备硬件性能的提高、神经网络等优秀算法的不断出现和改进,通过异构感知节点的调度,群智感知将能够完成越来越复杂的感知任务。因此,以无人机为代表的无人智能设备对群智感知系统而言既是机会,也是挑战。

本书共9章,除第1章绪论外,第2章对群智感知的相关工作和技术点进行综述;第3章主要研究多任务环境下的参与者选择,对于群智感知系统,如何选择合适的参与者是最基本、最关键的问题;第4章主要研究基于能耗的感知动作推荐,从而让被选择的参与者能够主动地参与到群智感知任务中来;第5章主要研究基于协作的参与者隐私保护,解决参与者参加感知任务的后顾之忧;第6章主要研究基于互信息最大化的协同数据采集,解决在参与者加入任务后,如何通过参与者之间的协作来更好地完成感知任务的问题;第7章研究基于深度学习的无人机调度规划,通过引入无人智能设备,进一步提高群智感知的应用范围;第8章介绍一些其他的群智感知应用;第9章对本书的研究工作进行总结和展望。使用真实数据集得到的仿真实验结果显示,本书所提出的方法能够很好地解决群智感知系统的数据来源问题,使群智感知系统能够更好地为人们的生产、生活贡献力量。

本书受国家自然科学基金项目(基金编号:61802022、61802027、62002025)、工业互联网创新发展工程项目(基金编号:TC210A02K)和河北省重点研发计划项目(基金编号:21310102D)的资助。

作 者

目 录

第1章

绪　论

1.1　引　言

以互联网为代表的信息技术的发展为中华民族的伟大复兴提供了广阔的平台,让我国可以与世界各国一起迎接新的机遇和挑战。互联网蓬勃发展的时期被认为是我国适应全球发展变化、提升综合国力和影响力的关键时期。新时期国家发展战略的制定不仅会影响我国未来经济社会的发展,也会在深层次分析、挖掘我国的发展潜力和能力,从而为制定更长久的发展战略奠定基础。随着科技的发展,信息化必然在未来长期发挥重要作用,成为解决各种新问题的有效手段。信息化也加深了不同部门、不同单位、不同地区等之间的合作,有效地避免了重复劳动,提高了工作效率和服务水平。

受多方面因素的影响,我国的信息化发展并非一帆风顺,至今仍存在一些尚未解决的问题和不足之处,如业务区域化特征突出、水平参差不齐、线下数据数字化难度较高、线上数据的开发利用程度较低等。这些问题直接影响了我国信息化发展的速度,使得信息化无法在传统行业中发挥应有的作用,也使得现有的应用和业务不足以快速响应外界变化,难以进一步推动社会和经济的发展。但科技的进步、信息化和管理相关技术的发展为我国在未来解决这些问题提供了新的契机。

新时期的信息化战略除了要解决现有问题,更重要的是放眼未来,应对新的机遇和挑战:首先,将信息安全提升至国家安全层面;其次,在信息化建设中引入云计算、大数据等新兴技术;第三,构建新型的信息化管理架构,加速传统行业的信息化进程;第四,挖掘数据价值,推动信息化的全面进化。因此,未来相当长的一段时间都将是我国信息化产

业迅速发展的黄金时期,而我国也提出过多项与信息化相关的发展战略:

(1) 国家安全战略和网络强国战略。国家安全能够确保国家社会经济的顺利发展,保障人民的生命财产安全。随着传统行业信息化程度的不断提高,网络安全问题越发凸显,保障网络安全自然也就成了国家安全战略的一部分。同时,网络也在不断地改变着人们的生产和生活,推动着社会的发展和进步、各行各业的改革和创新。而网络与数据是不可分割的,因此网络安全也就意味着数据安全,所以如何保障数据安全是信息化技术发展的关键内容。

(2)《中国制造 2025》与"互联网+"。随着信息化进程的加速,传统制造业焕发了新的活力。通过《中国制造 2025》行动纲领,机器人等新兴技术的应用将大大提高我国制造业的综合实力,被外商垄断的高科技产品也将逐步实现自主设计、开发和生产。同时,"互联网+"则更鲜明地让制造业和云计算、大数据等新兴的信息化技术相结合,让传统行业接纳、吸收新兴技术并促进自身的革新。而依托传统行业,互联网企业将更容易走出国门,顺利开拓国际市场。因此,《中国制造 2025》与"互联网+"是密不可分的,使用信息技术分析、挖掘传统制造业相关数据的价值,实现传统制造业的升级创新,将是信息化技术应用的必经之路。

(3) 国家大数据战略。通过大数据技术,数据将实现从数字到信息再到知识的飞跃。大数据不但可以改善人们的工作生活、为社会经济发展加入新的动力,也可以为国家管理部门提供高价值的决策依据。如今,世界各国都认为利用大数据技术可以有效保障国家的安全、提高国家的科技竞争力。而大数据的发展离不开数据本身,因此在传统行业和新兴行业中如何最为有效地收集数据、如何在已收集的数据中提取高价值信息,是信息化技术发展至关重要的一步。

这些重大的信息化战略将加快我国行业信息革命的进程,物联网、云计算、大数据、人工智能等技术将广泛应用到经济社会的各个领域。因此,作为信息化基石的数据必将在各行各业的发展中起到至关重要的作用,数据的收集、处理、应用技术也将会有日新月异的发展。在传统的数据获取过程中,低效率的人工测绘等方式难以满足当前大数据应用的需求。虽然物联网技术引发了数据获取的新一轮革命,但物联网设备多为低功耗设备,无法对大范围的环境进行感知,如果要同时部署充分满足感知任务需求的传感器,必然会带来不菲的安装、维护成本。随着以智能手机为代表的智能终端用户数量的增长和用户认知程度的提高,群智感知(crowd sensing)[1]顺势而出。

群智感知将智能终端用户作为感知节点,将其携带设备所包含的传感器作为感知单元,其架构如图 1-1 所示。人们的主观能动性使得群智感知不但降低了数据收集的成本,也提高了数据收集的多样性和可靠性。例如,Common Sense 项目[2]提出了一种参与式感知系统,该系统通过用户自身测量其周围的空气污染程度,也有研究者提出了一个收集并共享噪声污染信息的系统[3],等等。同时,群智感知可以随着移动互联网和传感器硬件的发展而不断进化,具有传统传感器网络无法比拟的优势。与传统的数据收集方法相比,群智感知不但可以扩大数据收集、传输网络的覆盖范围,还具有数据收集成本低、可靠性高、支持数据类型更为广泛等特点[4],可用于完成复杂的社会化感知任务。同时,随着 5G 商用速度的加块、NB-IoT 等标准的制定,群智感知将在以智慧城市为代表的大数据应用中发挥越来越重要的作用。例如,在公共卫生领域,通过收集市民的身体状况数据可以对传染病等疫情进行监控,从而有效降低疫情暴发带来的影响;在交通运输领域,通过获取道路和车辆的信息,可以实现对城市交通的实时监控和管理,还可以为城市规划等政府决策提供重要数据依据;在环境保护领域,通过收集城市内的环境数据,可以得到城市细粒度实时空气质量、噪声等信息,对控制污染和保护人们的身体健康有着重要的意义。

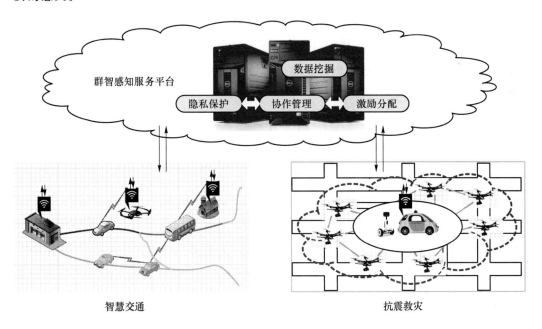

图 1-1　群智感知示意图

我国信息化相关的国家重大战略和规划给相关行业提出了新的要求,同时带来了新的问题和挑战,群智感知也将面对越来越复杂的感知任务。在地震、战争、核泄漏等极端场景下,依托传统智能终端设备已然无法保证感知任务的顺利完成。随着以无人机(Unmanned Aerial Vehicle,UAV)为代表的智能设备的快速发展,群智感知被注入了新的活力,应用范围被大幅度扩展。但机会与挑战往往是并存的,如何将新型的智能终端设备完美融入群智感知,还有待人们进一步研究和探索。

1.2 研究背景

在传统行业中,数据多通过人工测绘等方式获取,这种方式不但成本很高,灵活性也很差,已无法满足新兴行业的海量数据需求。因此,当前急需一种新的技术来解决数据收集问题。

物联网技术[5-7]的出现让人们找到了解决数据收集问题的新思路。物联网技术是将物理世界中的物体接入互联网,使之能够相互间或与其他设备间进行信息交互,以实现物体的识别、定位、跟踪、监控和管理等。物联网以互联网为基础,并对其进行了延伸和扩展,实现了虚拟信息世界和现实物理世界的统一。物联网融合传统的感知识别、普适计算、网络互联等技术,被认为是继计算机技术、互联网技术之后引导信息产业第三次发展浪潮的主要力量[8-9]。当前,物联网技术得到了世界各国政府、学术界和工业界的广泛关注,并已经引发了互联网界的新一轮革命。如今各种物联网设备层出不穷,不断融入和改善人们的工作、生活。

通过物联网技术,在容易发生交通事故的位置安装传感器设备,并将其接入互联网,就可以实现对交通信息数据的实时收集。但传感器设备的感知范围、信号传递范围有限,因此只有大量部署传感器才能实现目标区域的完全覆盖,同时传感器设备也需要定期维护和更新,这无疑会引发巨大的资金需求。

而随着传感器硬件的发展,以智能手机为代表的智能终端设备集成了种类越来越多、功能越来越强大的传感器,从而具有了丰富的感知能力和强大的计算能力,如借助于GPS传感器、运营商基站、WiFi等技术,当前的智能手机已经可以将定位误差控制在米级,甚至更低,而且定位速度很快,只需几秒即可完成精准的定位工作;此外,智能手机的处理器早已进入GHz时代,存储空间也已达到GB级别,这些意味着智能手机的计算、存储能力已经可以基本满足数据收集工作的需要。同时,除智能手机外,以iPad、谷歌眼镜(Google Glass)和苹果手表(Apple Watch)等为代表的新型智能设备的出现和发展,不仅丰富了人们的生活,也提高了人们的工作效率。例如,渥太华医院的医生在工作中使用iPad来提高自己的工作效率和服务水平。传统的工作流程虽然已经实现了病患信息的数字化,但台式计算机和笔记本计算机都难以随身携带,因此很多医生不得不坚持使用传统的纸质病例以及时获取患者的信息。但纸质病例不但制作起来浪费时间和资源,而且容易失窃或被篡改,每年因纸质病例引发的医患纠纷层出不穷。而在使用 iPad 后,医生可以随时随地查阅、维护患者的信息,不必再记录和翻阅纸质病例或在病人与计算机间往返。这样既节约了时间,也加强了医生和患者之间的交流,有效减少了医患矛盾的产生。早在 2014 年,迪拜警方就开始通过使用谷歌眼镜来评估将可穿戴设备应用到交警工作中的可能性。相关新闻报道指出,通过使用专门为谷歌眼镜研发的两款应用,交警可以在日常执法过程中:①当遇到违反交通法规的车辆时,可以通过谷歌眼镜及时拍摄事件并上传到警方的服务器中,这个过程几乎不会对交通警察的其他工作产生影响;②实现对车牌号码的识别,并将其与丢失车辆的数据库进行比较,从而及时发现被窃车辆。通过使用谷歌眼镜,一直令迪拜警方头疼的"车辆街头执法取证难"和"车辆失窃追踪难"这两个难题迎刃而解。此外,物联网技术也不断在人们的工作生活中得到更加深入的使用,以谷歌、苹果、三星、华为、小米等为代表的手机厂商陆续推出了自己的智能家居产品,智慧工厂、智慧家庭等概念已经逐渐成为现实。

高速移动通信技术的出现也大大提升了移动网络的承载能力。来自 GSA 的数据显示,截至 2015 年 4 月,全球正式商用的载波聚合系统已有 64 个,同时还有 116 家运营商正在投资载波聚合技术。其中,全球已经商用的 4G LTE-A Cat.6 网络有 53 个,终端最大下行传输速度可达 300 Mbit/s。2015 年 12 月 16 日在浙江乌镇举行的第二届世界互联网大会上,中国联通的工作人员实地演示了"沃 4G+"精品网络,该网络使用双载波聚合功能,终端下行最大传输速度超过了 300 Mbit/s,并将逐步提升至 1 Gbit/s。彼时,全球还有超过 13 个 Cat.9 网络处于部署、实验或测试当中,Cat.9 网络下终端最大下行传输速度超过了 450 Mbit/s。同时,在 2015 年 6 月中旬,广州移动联合高通和中兴通讯开展了 Cat.9 三载波聚合技术试验。在 3GPP 的第 12 版协议中,Cat.15 网络使用八载波聚合技术,终端最大下行传输速度达到了 4 Gbit/s,最大上行传输速度也达到 1.5 Gbit/s,速度堪比光纤。在经历了 2018 年 5G 网络的 R15 标准延期后,5G 已经在全球多个国家商用。全球各地区使用的频段也有少许不同,如对于高频段而言,为满足国际移动通信(International Mobile Telecommunication,IMT)系统在高频段的频率需求,2019 年的世界无线电通信大会(WRC-19)上新设立了 1.13 议题,在 6 GHz 以上的频段中为 IMT 系统寻找可用的频率,研究的频率范围为 24.25~86 GHz。其中,既包括 24.25~27.5 GHz、37~40.5 GHz、42.5~43.5 GHz、45.5~47 GHz、47.2~50.2 GHz、50.4~52.6 GHz、66~76 GHz 和 81~86 GHz 这 8 个已划分给移动业务使用的主要频段,还涵盖 31.8~33.4 GHz、40.5~42.5 GHz 和 47~47.2 GHz 这 3 个尚未划分给移动业务使用的频段。

高速移动通信技术的广泛使用让智能手机从一个普通的通信工具逐渐转变成为功能强大的智能通信终端。如今,智能手机已成为人们日常生活中不可或缺的一部分,越来越多的人开始通过文本、照片、视频等方式记录自己的生活点滴。2022 年年初,中国互联网络信息中心发布的第 47 次《中国互联网络发展状况统计报告》[10]中披露,截至 2020 年 12 月,我国手机网民的规模达 9.86 亿人,较 2010 年增加了 2 倍以上(详细数据如图 1-2 所示)。

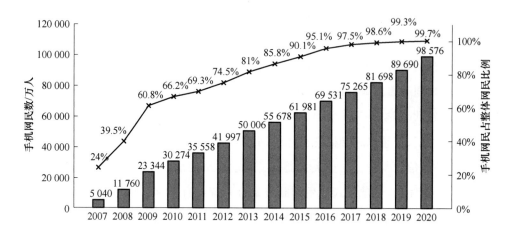

图 1-2　中国手机网民规模及其占整体网民比例

报告中还指出,我国网民中使用手机上网的人群占我国全体网民的比例已经由 2010 年的 66.2% 增长至 2020 年的 99.7%,手机实际上已成为网民最主要的上网设备,手机网民在整体网民中的占比几乎达到了 100%。

同时,以可穿戴设备为代表的新型智能终端设备也在飞速发展。来自 IDC 的可穿戴设备产业研究报告显示,2021 年中国可穿戴设备市场出货量近 1.4 亿台,同比增长 25.4%。其中,第四季度中国可穿戴设备市场出货量为 3 753 万台,同比增长 23.9%。对此,IDC 预测,2022 年中国可穿戴设备市场出货量将会超过 1.6 亿台,同比增长 18.5%。细分上述数据,2021 年耳戴设备市场出货量为 7 898 万台,同比增长 55.4%;智能手表全年市场出货量为 3 956 万台,同比增长 21.4%。

在这种情况下,随着智能终端用户数量的增长和认知程度的提高,参与式感知(partipatory sensing)[1]顺势而出。与传统的传感器网络不同,参与式感知不再使用固定安置的传感器来实现感知数据的收集和上传,而是将智能终端用户作为感知节点,将其携带设备所包含的传感器作为感知单元,让智能终端用户使用自己的设备收集和分享自己周围的环境数据。参与式感知基于物联网和移动互联网,原理与传统的无线传感器网络相似。参与式感知的系统架构如图 1-3 所示,典型的参与式感知网络分为感知层、网络层和应用层[11]。

（1）感知层由感知节点,即智能终端用户组成。智能终端用户使用自己的设备收集、存储和上传感知数据。感知节点之间可以组成点对点网络,从而实现感知数据的传递、相关信息的查询等操作[12]。

（2）网络层一般指感知服务平台及感知节点与感知服务平台之间的网络,感知任务发布者通过感知服务平台发起感知任务,感知节点将收集到的感知数据通过现有的网络上传到感知服务平台中,从而实现感知层内分散感知数据的聚合。同时,类型各异的海量感知数据将在感知服务平台中得到清洗、融合、存储以及进一步的分析和处理。

（3）应用层主要是感知任务发布者或感知数据的使用者,这些使用者可能是物联网、大数据应用、政府机构等,它们将处理后的感知数据以多种形态展示给顾客,或使用感知数据提升自身服务质量以及增加服务种类等。

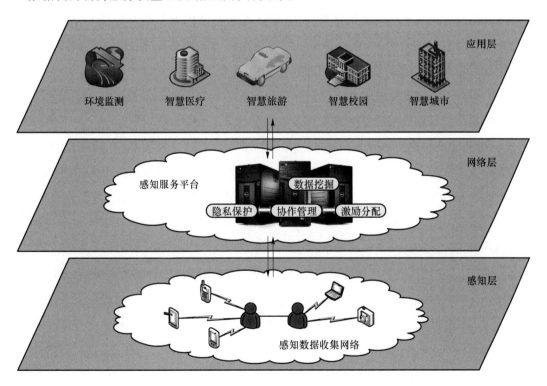

图 1-3　参与式感知系统架构

参与式感知将物联网和移动通信技术融为一体,它的出现使得人们不再需要通过广泛部署传感器来收集环境数据,从而降低了数据收集的成本。人们的主观能动性使得参与式感知不再拘泥于单一的传感器读数记录,一些如"身边的人数"等模糊甚至带有主观意识的数据也可以被收集上来,从而让数据收集工作变得灵活多样。人们工作、生活的多样性也使得参与式感知在时间和空间维度都能够达到极高的感知任务需求覆盖度。此外,参与式感知可以随着移动互联网和传感器硬件的发展而不断进化,因此参与式感知能够为新兴的物联网和大数据应用提供各式各样的感知数据,具有传统传感器网络无法比拟的优势。如今参与式感知在紧急危难救援、城市建设、社会公共医疗服务(如流行病告警预防、大众体质监测等)等领域拥有无比广阔的应用前景[13-14]。同时,随着传感器技术的发展,人们手里的智能终端设备有了越来越强大的计算能力和感知能力,如气压计、湿度计等新式的传感器已经被越来越多的智能手机所采用,这让人们可以收集到的环境数据种类越来越多,从而使参与式感知的应用范围越发广泛[15]。

智能终端用户加入参与式感知,可以通过收集感知数据而获得一定的报酬,同时也可以在参与式感知中通过与其他参与者互动等形式,丰富自己的工作、生活[16]。因此,参与式感知能够让普通民众乐于融入,贡献自己的智慧和精力。随着计算机软、硬件技术的发展,终端设备的智能化程度越来越高,人们逐渐从有意识地参与感知任务发展为无意识、全方位的参与。因此,参与式感知便发展为群智感知(crowd sensing)。与参与式感知类似,群智感知依然将智能终端用户作为主要感知节点,将其携带设备所包含的传感器作为感知单元,但其有意识和无意识参与的方式使得群智感知不但降低了数据收集的成本,也提高了数据收集的多样性和可靠性。

在群智感知提出之初,感知节点依然主要依赖于手机等人们随身携带的智能终端设备,即人们主动拿起手机,获取数据并上传到服务器中。而随着无人机、无人驾驶汽车(self-driving car)等新一代智能设备的出现和使用,群智感知的数据收集能力大大加强,如无人机可以在短时间内到达人们难以到达的区域、无人驾驶汽车可以携带大量的高性能传感器和高容量电源等,这使得群智感知可以收集到分布更广泛、精度更高的感知数据。但是新一代智能设备的巨大差异性也导致群智感知网络的复杂性大大增加,同时新一代智能设备的能量消耗、使用成本与智能手机差距较大,这都对新一代智能设备的普及带来了一定的困难。另外,自然环境和人类活动的随机性也会对数据收集工作产生巨大的影响,如洒水车对温度的影响等。

但在地震、战争、核泄漏等极端场景中,感知环境极其恶劣,通信、补给困难,人类的活动范围十分有限,群智感知系统也难以发挥其应有的作用。无人机的出现无疑可以大大扩展群智感知的应用范围。无人机在军事、监视安防、通信交通、快递运输等诸多领域都发挥着越来越大的作用。如在军事环境中,由于无人机的体积较小,不易被发现,我国在中朝、中日、中越等边界或存在争议的地区广泛使用无人侦察机进行巡逻。在监视安防中，无人机发挥的作用也是人类难以企及的，如浙江省杭州市桐庐县共有 83 条主要河道，2 057 个小、微水体，尽管配有河长约 900 人，仍不能完成河道监控任务，而使用无人机从起飞到画面存储仅需两个小时；在林业防护中，先借助于小型无人机和图像识别技术准确、及时地发现各种灾害，再借助于大型无人机进行精准施药等操作，能够及时、准确地控制灾情。同时，其他类型的无人智能设备也在很多场景下发挥着重要的作用，如无人潜航器(UUV)可以帮助海军完成水下搜索、监视、侦察、猎雷、通信、导航和反潜作战等作业；无人车可以帮助人们在危险地区更好、更安全地完成测绘、监控作业。

依托以无人机、无人驾驶汽车为代表的无人智能设备，群智感知将逐渐演变成融合"人-机-物"等多种异构感知节点的协同感知，从而能够更好地通过收集数据来完成对危险甚至极端物理环境的还原。如果某地突然发生重大交通事故，交通、通信全部中断，交管部门无法获取事故的具体情况，此时派出无人机，既可以直接获取当前的交通事故概况，又可以通过连接临近位置的摄像头获取以前的交通情况，甚至还可以为事故中的群众提供网络服务；如果某地突然发生自然灾害，在救灾人员抵达现场之前，救灾中心可以通过多架无人机的协作，快速了解灾区的受灾情况。因此，通过"人-机-物"的协同工作，群智感知完全可以在安全管理、应急疏散、灾后救援等应用场景下发挥重要的作用。

但新型设备的应用自然也会带来新的问题，比如无人智能设备的使用和维护成本比较高，难以大规模部署和应用，这就使得感知服务平台不得不对无人智能设备进行合理的管理、选择和调度，让它们能够与智能终端用户进行有效的配合，从而实现无人智能设备的高效利用[17]。因此，为了让无人智能设备更好地应用于群智感知、推动群智感知系统的发展和进化，需要考虑各种因素，根据场景类型、时间、地区等不同的因素对不同类型的感知节点进行调度，从而高效地完成感知任务。

感知节点调度问题从无线传感器网络诞生开始就成为人们关注的焦点问题。对于无线传感器网络来说，合理的节点调度算法，能够使系统在有限资源(传感器数量、电池寿命)的约束下，最大化网络生命周期或覆盖范围等，对环境数据的收集工作具有重大的意义[18]。而与传统意义的无线传感器网络不同，群智感知系统的感知节点主要是智能终端用户，他们所携带设备的感知能力、续航时间等均大幅度高于低功耗传感器，但是人们的活动具有很强的随机性，因此在群智感知系统的节点调度中，更多考虑的是参与者选择算法，即在不同的约束条件和目标下，通过合理的算法选择最合适的参与者来完成感知任务[19]。

当群智感知走到"人-机-物"协同阶段时，不同类型的感知节点将通过协作共同完成感知任务,这时所需要的感知节点调度策略自然会再次发生变化。例如,无人机虽然在农业和林业的监控[20]、空气质量监测[21]等场景下得到广泛的应用,但这些场景中的无人机也仅相当于单独的移动传感器,如果能够实现与其他感知节点的联动,就可以实现更精确的监控覆盖;虽然无人驾驶汽车活动受限,但是其续航时间、可携带传感设备的种类和数量等都大幅度高于无人机,因此在感知任务中,无人驾驶汽车除了可以作为感知节点,也可以作为其他感知节点的基站、充电站、无线基站等,从而有效扩大群智感知系统的服务时间和感知范围。

随着服务器及感知设备硬件性能的提高、神经网络等优秀算法的不断出现和改进,通过异构感知节点的调度,群智感知将能够完成越来越复杂的感知任务。因此,以无人机为代表的无人智能设备对群智感知系统而言既是机会,也是挑战。本书讲述的"人-机-物"协同感知环境中异构感知节点的管理研究,意在解决如何在复杂的感知环境中实现不同类型感知节点间的高效协作问题,从而让群智感知系统能够在地震、战争、核泄漏等更加复杂、极端的应用场景中发挥更大的作用。

随着群智感知相关研究的不断推进,工业界和学术界对群智感知都产生了浓厚的兴趣,陆续出现了很多高质量的研究成果,但群智感知依然面临着诸多亟待解决的科学问题,如参与者存在分散性和自主性、感知设备具有差异性、感知数据具有多元性、参与者对感知任务的参与意愿不可控和存在参与者隐私泄露的风险等。

第 2 章

群智感知相关工作

2.1 引　言

随着群智感知[9, 22-26]相关研究的不断推进,研究者们陆续提出了一些相似的概念,如移动感知(mobile sensing)[27-29]、移动手机感知(mobile phone sensing)[30-32]、以人为中心的感知(people-centric sensing)[33-36]、社区感知(community sensing)[37-40]、城市感知(urban sensing)[41-44]、志愿者感知(volunteer sensing)[45-46]、公众感知(public sensing)[47-50]、社群感知(social sensing)[51-54]、众包(crowdsourcing)[55-59]、群体计算(crowd computing)[60-63]等。

这些概念与群智感知有一定的相似性,都是采用服务器-参与者的系统架构设计,在某一场景下通过雇佣智能终端用户等代替传统的传感器节点来解决资源收集的问题。但这些相关概念也在某些范围内存在一定的差异,例如:

(1)社区感知、社群感知等考虑了社交因素,引入了参与者之间的社会关系等,将在线渠道(如 Facebook 等在线社交网站)作为感知任务和感知数据的主要传播渠道之一,同时也通过社交关系让参与者分担一部分数据挖掘工作。

(2)群智感知多为用户主动参与感知任务,用户主动权较高,感知服务平台可以通过激励机制等手段对感知任务进行调控。同时,群智感知还包含机会式的感知,即参与者可能通过偶然的机会、有意识或无意识地参与感知任务,对用户干扰较小,但感知任务往往更加难以控制,而且容易造成参与者隐私泄露。

(3)众包一般指的是通过互联网将任务分发出去的机制,一般用于解决问题或者收集创意等,而群智感知则包含了人的参与过程,即感知任务所需的感知数据由用户收集、存储、分析以及上传等，因此众包可以作为群智感知分发感知任务的一种手段，即群智感知在众包的基础上增加了参与者的感知动作以及参与者之间的联系等内容。

（4）相对于群智感知来讲，群体计算等不仅仅要求参与者记录传感器读数，更看重参与者的专业能力和计算能力，从而可以让系统解决一些难以解决的问题，如图像识别等，这使得参与者在群体计算中扮演了一种类似人工智能单元的角色。

目前，群智感知的相关研究在学术界十分火爆，MobiCom、UbiComp、MobiSys、SenSys、INFOCOM、IPSN、SECON、PerCom 等国际著名高水平学术会议都有群智感知相关的专题讨论，也已经发表了大量的研究成果。IEEE 和 ACM 也分别于 2011 年、2012 年开始组织群智感知相关的研讨会（IEEE International Workshop on Mobile Sensing 和 ACM International Workshop on Multimodal Crowd Sensing）。在学术组织的推动下，一些高水平的研究室或研究组陆续加入群智感知的相关研究，如美国麻省理工学院的 SENSEable City Lab、加州大学洛杉矶分校的 CENS Lab、美国普林斯顿大学的 Planet Lab、美国达特茅斯学院的 Mobile Sensing Group、美国哥伦比亚大学的 Sensor Networks Group、微软亚洲研究院（Microsoft Research）、IBM 研究院（IBM Research）、AT&T 研究院（AT&T Labs Research）等。专业团队的加入让群智感知的相关研究工作呈现出"百花齐放、百家争鸣"的局面。

对于无人智能设备的研究，麻省理工学院、加州大学、德雷珀实验室等国外高校、研究所，北京航空航天大学、西北工业大学、中国航空工业集团等国内高校、公司都投入了大量的资源。同时，工业界也对无人机充满兴趣，如 Intel 在平昌冬奥会使用 1 218 架无人机上演了一场精彩绝伦的灯光秀；Amazon（Amazon PrimeAir）、Google（Project Wing）、阿里巴巴和京东（JDrone）的无人机送货项目致力于实现日常无人机送货等。此外，其他类型的无人智能设备同样得到了各个行业的重视，比如罗尔斯罗伊斯公司推出过一款融合多个传感器的态势感知系统，可以减小引航员在夜间、恶劣天气条件下或在拥挤水道驾驶船舶期间面临的安全风险；卡耐基梅隆大学、牛津大学等名校，Facebook、Uber、百度等互联网企业，特斯拉、丰田、沃尔沃等汽车厂商都组建了自己的无人驾驶汽车研究团队，并取得了丰硕的研究成果。但在这些项目中，无人智能设备依然需要大量的人力、物力参与控制、调度，不能够做到真正的智能化。而集群智能（swarm intelligence）等技术一直是学术界的研究热点，更被中美等军事强国作为军用人工智能的核心。美国国防部也曾发布《无人机系统路线图 2005—2030》，指引了无人机系统的研发方向。我国也将集成化、集群化、隐身化、智能化作为无人机的研发方向。

因此，无论是针对群智感知的参与者管理，还是无人智能设备的集群化作业，一项重要的研究内容就是实现对节点的智能化调度,让这些节点通过协作的方式完成给定的任务。

随着软、硬件技术的发展,以无人机、无人驾驶汽车、可穿戴设备等为代表的新一代智能设备的广泛应用给群智感知注入了新的活力,让群智感知在紧急危难救援、公共安全事件监测等领域起到了越来越大的作用。但随着新一代智能设备的加入,基于异构感知节点协同的群智感知面临着数据质量、协作方式、管理方式、激励机制等多种新的问题和挑战,如设备感知能力的差异变大使得原有的管理机制不再适用,设备使用成本的差异使得原有的激励机制不再适用,新型设备的引入可能会带来新的安全问题等。这些问题已成为制约其发展的新瓶颈,亟待新的理论和方法进行突破。当前,群智感知的相关研究工作涉及很多方向,但大多围绕 2.2 节中的几个方面开展。

2.2 群智感知相关技术点

2.2.1 感知服务平台建设

感知服务平台是群智感知的基石,在感知任务发布者提交感知数据需求及相应的预算后,感知服务平台将选择合适的参与者并向其推送感知任务。虽然已有很多群智感知相关的理论或产品,但目前群智感知中感知任务的数据需求往往具有很高的相似性或相关性,此外,由于智能终端设备可以同时开启和使用多个传感器,因此感知服务平台可以通过同时向参与者下发多个任务(收集多种数据)的方式来降低数据收集成本和提高数据收集效率。除此之外,一个通用的感知服务平台也使应用开发商不再需要单独开发和维护应用专属的服务平台,从而大大降低行业成本,减少资源浪费[11,43,64-67]。

感知服务平台一般采用集中式设计[11,68],感知服务平台对感知任务的处理需要考虑任务预算、需求分配、任务推送、参与者选择、参与者激励与惩罚、参与者隐私保护、系统能耗、感知数据管理等多个方面。感知服务平台也需要实现诸如参与者信息维护、数据展示等功能。

针对群智感知涉及的多种不同类型的问题,"4W1H"(what、when、where、who、how,即感知数据的类型、收集时间、收集地点、收集者、收集方法)方案将群智感知系统的整个生命周期划分为不同的阶段[69],方便研究者分析在群智感知系统的整个生命周期中可能遇到的问题。文献[70]研究了在多个感知任务之间共享数据以降低通信成本,用最小的代价满足所有任务需求的问题。文献[71]研究了如何通过节能管理和环境能量补给来延长传感器网络的工作寿命。文献[72]通过对数据采集协议的研究,分析节点需求、能耗以及延迟等之间的关系,进而达到在优化网络寿命和网络可靠性条件下降低传输延迟的目的。文献[73]从自行车停靠站对共享单车用户体验的影响出发,通过对停靠站进行动态分组,通过蒙特卡罗模拟来预测停靠站的单车需求情况,从而帮助共享单车管理者更好地对共享单车进行调度。文献[74]通过对手持设备连接基站的访问记录的研究来实现城市准确、实时和空间细粒度的人口估计,从而为群智感知应用的大规模准确部署提供必要的数据基础。

2.2.2 参与者选择

在群智感知中,不同感知任务的预算往往存在差异,感知任务对数据的需求也存在一定的差异,如感知数据对应的时间、地点、类型等。除了感知任务的预算和感知数据需求外,参与者的属性也会对感知数据的收集工作产生不同程度的影响。如参与者的职业(专业能力)和所携带设备的传感器类型、精度不同,会影响参与者收集感知数据的能力;参与者所携带设备剩余电量不同,不但会影响传感器的工作时长,还会影响参与者对感知任务的参与意愿;参与者的位置不同,会影响最终收集到的感知数据在空间上的分散度;参与者的历史轨迹不同,会影响感知服务平台对参与者潜在贡献的评估,进而影响其被选择的概率;参与者的信誉度不同,会影响感知数据的可靠性;等等。此外,由于感知任务往往要求收集在时间、空间维度较为分散的感知数据,而人们的活动通常较为集中,因此选择大量位置接近的参与者来收集感知数据,就有可能给感知任务带来大量的冗余数据。但从另一个角度来讲,也正是由于参与者的行为具有一定的不确定性,感知任务最终获得感知数据的准确性是与参与者个数以及感知数据数量高度相关的[75]。

因此,为了能够收集到符合感知任务需求的高质量感知数据,感知服务平台就不得不结合各种因素,选出一批最合适的参与者来进行感知数据的收集工作[76]。随着群智感知以及传感器技术的快速发展,感知服务平台可以让参与者同时执行多个感知任务,这也就要求感知服务平台制定基于多任务的参与者选择策略[77]。

目前,已有很多基于不同方案的参与者选择策略,例如:使用地理位置、时间以及参与者的习惯等因素来确定感知服务平台如何选定合适的参与者来进行数据收集工作[76];通过研究参与者行为的稳定性,基于参与者的历史移动性来制定参与者选择策略[78];考虑感知任务的资源分配[79-80]，即在参与者选择中考虑感知任务预算、参与者的激励需求的影响[81-82]，从而在有限的预算约束下制定参与者选择策略以最大化感知任务的完成度；基于覆盖率的最大化算法[83]，通过记录参与者的移动轨迹来计算哪些参与者的活动能够覆盖感知任务的多维度需求[84]。同时，还有一些特定的研究，如让参与者在指定区域周边进行采样[85]等。文献[86]和文献[87]关注了多任务环境下的智能终端用户选择问题，为群智感知设计了以任务为中心和以用户为中心的智能终端用户选择方案，给出了人少、任务多环境下最小化总移动距离，人多、任务少环境下最小化总激励支出且最小化总移动距离这两种环境下的理论解决方案，从而为在不同人群分布、不同人员流动性的不同区域的智能终端用户选择提供了理论基础。文献[88]研究了在以车联网为基础的群智感知中智能终端用户和普通智能终端用户行动预测的区别，并通过贪婪算法和遗传算法来解决不同场景下的智能终端用户选择问题。文献[89]对随机游走与位置特异性之间的关系进行了深入研究，文献[90]通过对智能手机用户应用使用习惯的研究实现对用户分类，文献[91]通过对群组移动性的分类（静止、慢走、走、跑）并结合 WiFi 信号等信息来实现对用户相对位置的预测，这些都可以使群智感知系统在任务开始前更准确地进行智能终端用户选择。

2.2.3　资源优化

减少资源浪费，建设绿色群智感知网络是学术界和工业界的共识，而雇佣大量的参与者来完成感知任务，必然会带来一定的资源消耗，因此如何减少群智感知中数据收集、传输所带来的资源消耗，是当前的热门研究内容。群智感知的资源优化主要分为 3 类，即感知服务平台资源统筹、网络带宽和能耗优化、参与者能量消耗优化。这里主要介绍前两类资源优化。

感知服务平台资源统筹的研究难点主要在于感知任务和参与者选择两个方面。感知任务所需数据的类型、时间、地点的要求不尽相同，因此感知服务平台要有一套合理的任务调度策略，如利用感知数据属性的关联性，区域位置的连接性等对感知任务进行调整，实现感知数据的联合收集，以及通过低功耗传感器的数据或连续时间内的读数，来推断中间数据，从而延长参与者设备的使用时间，降低整体资源消耗[49,92]。如文献[93]考虑到环境数据往往较为稳定，通过使用低能耗传感器或通过连续收集到的传感器读数来推断传感器在非记录时间内的读数，从而提高了设备的电池寿命；根据参与者的位置、行动规划等信息，结合感知数据的时空需求，制定参与者选择策略，避免所收集的感知数据在时间和空间上过于集中,也能很好地节约资源[94-95];也有研究提出了最小化电量的感知调度算法[96];还有研究根据参与者的信息,让不同的参与者启动不同的传感器来进行感知数据收集[97],从而达到节能的目的。

网络带宽和能耗优化可以有效减少感知任务对当地其他电信业务造成的影响。为了减少对公用网络带宽的占用,可以降低感知数据的上传频率,在数据上传之前对感知数据进行压缩,以减少数据上传所消耗的流量[98],但这种方法会增加感知服务平台的资源消耗,以及在一定程度上降低感知数据的质量;可以允许参与者在空闲或连接到 WiFi 时才上传感知数据[30],从而避免网络拥塞的产生,但这不适合对数据时效要求较高的感知任务;可以通过参与者之间的协作,如通过 WiFi 等近距离通信技术在参与者之间进行辅助定位[99],或在参与者中选择数据聚合节点,让感知数据先通过近距离通信技术集中到聚合节点,再让聚合节点上传聚合后的感知数据[100-101];还可以通过参与者之间的协作,尽量选择数量最少的参与者来完成感知任务[79]。

2.2.4　感知动作推荐

在群智感知网络中,一方面,作为感知节点的参与者具有难以预测的移动性,因此无法使用任何集中式的控制方法对参与者进行统一管理和调配。而且,参与者所携带的感知设备装有不同类型的传感器,因此不同的参与者对同一感知任务的潜在贡献可能有较大差异。同时,同一参与者在不同的客观条件下,如当其设备剩余电量不同时,对感知任务的参与意愿也会有一定的差异,因此参与者可能会因为某些原因拒绝感知任务。此外,在基于多任务的群智感知系统中,面对数据需求不同的感知任务以及感知能力不同的参与者,感知服务平台也不应该为所有参与者推荐相同的感知动作。另一方面,群智感知任务的开放性引起了数据收集的不可预见性,且同一感知任务可供选择的参与用户也会随着时间而变化,因此仅凭用户主动响应不能够完全满足需求,需要感知服务平台根据感知任务的多元信息质量需求智能地对参与者的感知动作进行动态推荐。与此同时,便携设备能量受限,使得推荐策略必须充分考虑短信、语音和上网等人们常用的业务,根据感知任务的多元信息质量需求合理地推荐感知动作(利用何种传感设备、如何贡献信息),从而最大限度延长参与者设备的使用时间,降低感知任务对参与者正常活动的影响。

因此,为了能获取更多更好的感知数据,也能让更多的智能终端用户愿意加入感知任务,群智感知系统需要根据感知任务需求和参与者的个人信息(移动轨迹、设备内置传感器类型等),对参与者的感知动作(需收集感知数据的类型、数量等)进行定制,最终为每一个参与者"推荐"专属的感知动作。如根据参与者的信息,让不同的参与者启动不同的传感器来进行感知数据收集[97]等。一个合理的感知动作推荐策略必将对群智感知产生积极、重要的影响,是维护其生态系统的关键因素之一。

2.2.5 参与者协作

由于群智感知中的参与者往往并不专职于感知数据收集,他们在收集感知数据的过程中很可能因为一些原因中途退出感知任务,如果退出的参与者只是一个普通的感知节点,那么感知服务平台可能仅仅失去了一小部分感知数据,但如果退出的参与者在感知任务中充当一些特殊角色,如数据聚合节点,那么该参与者的退出将会对感知任务的完成产生重大影响。因此,为了保证群智感知网络能够稳定工作,减少不确定事件对感知任务的影响,群智感知需要制定一定的参与者协作策略。通过参与者之间的协作,群智感知系统能够更加精细地为参与者推荐感知动作,减少感知任务对参与者正常活动的影响以及感知任务的整体资源消耗。同时,通过参与者之间的协作也能够实现对参与者个人隐私的保护,从而提高参与者对感知任务的参与意愿。

随着移动互联网的发展,参与者可以通过网络等渠道以在线的方式进行协作,共同完成大规模、复杂的感知任务,形成随时随地、与人们的生活息息相关的感知系统。如协作式城市空气质量检测平台 uSense[102] 让人们在日常工作生活的地方使用小型低功耗传感器节点测量空气质量并上传到感知服务平台,汇总的数据会通过社交网络的形式在用户之间分享,从而让用户在贡献数据的同时,可以查看其他地区的空气质量数据,给人们的出行提供了很大的帮助。基于参与者协作的环境监测平台 CoMon[103] 通过分析参与者之间的社交关系以及历史相遇情况,让参与者通过协作的方式完成感知数据收集,从而提高参与者的任务奖励以及监测平台的效率。在博洛尼亚大学开展的"ParticipAct Living Lab testbed"[104] 项目中,研究者们找了 300 名学生进行了一次基于智能手机的协作式群智感知数据收集任务,深入研究了参与者协作对感知任务产生的影响。

2.2.6 激励、惩罚机制

在群智感知中,对感知数据"真实价值"的评估面临着巨大的挑战。不同数据需求者在不同环境中对不同类型的感知数据会有差异极大的价格期望。例如,同样一份高质量的空气监测数据,对气象研究机构来说具有极高的价值,但对于需求出租车流量数据的交通部门或相关研究机构来说则几乎不具有任何价值。且不同的参与者对于自己收集的数据的估价也会因为所处的数据市场的变化和个人心理因素等原因而不断变化。此外,市场中往往同时存在多个参与者、多个任务发布者、多个感知服务平台,形成了一定的合作或竞争关系。因此,固定不变的价格模式显然无法适应需求。定价机制的有效、合理与否直接影响群智感知系统的运转,感知服务平台也可以通过定价机制影响参与者对感知任务的参与意愿。

考虑到参与者对感知任务的参与意愿、运动轨迹,以及感知数据的定价等因素,在群智感知中可以结合博弈论理论制定一系列的措施,保证感知服务平台在预算或者最小成本的限制下最大限度地收集到高质量的感知数据、对每个参与者给予特定的激励。此外,因为参与者的主观意愿直接决定其是否能执行任务,因此参与者对感知任务的参与意愿和移动轨迹制订也是激励机制时所要考虑的因素。例如,如果参与者对感知任务的参与意愿很高,那么感知服务平台就可以适当降低对该参与者的激励,反之亦然。感知服务平台获取参与者的运动轨迹也能帮助感知服务平台进行感知任务的下发和激励计算。

虽然感知服务平台需要的是高质量的感知数据,但数据的量是质的前提,在考虑质之前要先保证足够的量。而激励机制可以有效地鼓励参与者提供更多的感知数据。激励机制的作用就是在感知服务平台了解感知数据的需求和定价之后,合理地分配预算资源,在保证数据质量的前提下最大限度地激发参与者连续参与任务、提供没有或者少量参与者所在地区数据的动力。

因此,为了吸引更多的智能终端用户加入感知任务,群智感知系统需要对感知任务的参与者提供一定的奖励,以弥补其在收集感知数据过程中造成的时间、精力、设备电量、网络流量等方面的损失,从而保证参与者可以积极、持续地贡献感知数据。但为参与者提供的奖励总额受感知任务预算的限制,因此合理利用激励机制才能够保证足够数量的参与者参与到感知任务中并保证感知数据的质量。根据内容和形式的不同,激励可分为实物奖励(金钱、奖品)和虚拟奖励(信息、荣誉)等。针对不同的群智感知系统和不同的感知任务,甚至不同的地区或人群,不同激励策略所带来的效果会有所差异。例如:在校园中,和社交相关的激励往往会有比较好的效果;而在一些中老年人较多的社区中,和健康相关的激励可能会有更好的效果。

激励机制的制定往往会参考经济学理论,如在基于反向竞价的动态价格激励机制[105]中,在参与者提出自己期望的任务报酬后,感知服务平台采用最小化支付总额的规则进行参与者选择。该机制还引入虚拟价格的概念,以防止参与者因长期不被选择而降低对感知任务的参与意愿。基于博弈论和拍卖模型的激励机制[31]通过最大化感知服务平台的效益,实现感知服务平台和参与者之间的斯塔克尔伯格均衡,以此保证参与者对感知任务的参与意愿。基于参与者身份的激励机制[106]赋予参与者感知数据收集者、使用者的双重身份,以"多贡献、多获取"的方式鼓励参与者,从而实现感知服务平台内感知数据收支的动态平衡。

然而,激励机制的引入势必会导致一些恶意行为的产生,如为获取报酬而上传虚假数据等。因此,群智感知系统需要在引入激励机制的同时引入适当的惩罚机制,如参与者信誉系统[107],以减少参与者恶意行为的产生。信誉度一般指的是人们对合约、协议等的遵守情况,并会对以后的相关活动产生影响。参与者信誉度的高低在一定程度上决定了其收集数据质量的高低,有了数据市场的定价,感知服务平台在对每个参与者进行激励时能有一个衡量基准。在群智感知中,信誉度通过对参与者感知任务完成情况、上传感知数据的质量来进行评估,信誉度高的参与者更容易被系统选中参与感知任务,从而可以获取更多的报酬。

同时,参与者的行为具有很大的随机性,在参与者的信誉度被计算后,如不对信誉度做动态管理,那无疑会增加参与者的惰性和投机性,不利于群智感知网络的发展。因此,在群智感知网络中,需要根据参与者的个人情况和对感知任务的完成情况,对其个人信誉度评价值做动态调整,以提高参与者的积极性。信誉度的计算一般遵循"增长慢、下降快"的原则。

文献[108]提出了一种不预先知道用户信息(用户随机到达)情况下基于在线竞价的激励机制,实现在预算约束的条件下完成智能终端用户的选择。文献[109]提出了一种考虑任务难度和智能终端用户完成任务质量的、基于反向竞价的激励机制,以及两种竞标获胜算法,分别用于普通情况以及大多数智能终端用户都具备高可靠性的情况。文献[110]设计了一种多市场动态双向竞价的激励机制,用来解决群智感知中的公平交易问题。文献[111]提出了一种预算约束下满足任务最大化覆盖范围要求的激励机制。还有研究者设计了一种用于多媒体数据收集的最佳激励机制[112],通过对众包参与者和数据贡献者之间的交互进行建模,将其作为效用最大化问题进行分析,并通过对参与者的奖励来优化应用效果。

2.2.7 隐私保护

随着人们安全意识的提高,个人隐私信息安全开始被越来越多的人关注、重视,而在群智感知中,感知服务平台需要获取参与者的设备信息(如传感器信息等)、当前位置等以便制订参与者选择方案,这就可能造成参与者个人信息的泄露。但如果不获取这些信息,感知服务平台很难对参与者的数据采集行为进行预测,进而影响最终收集数据的时间、空间分布属性和质量,从而很难满足感知任务的数据需求。

在群智感知系统中,个人隐私信息的泄露主要发生在参与者和感知服务平台、参与者与参与者之间的通信中。而且,如果感知服务平台无法获取足够的个人信息,则无法对用户的可能贡献进行判断。同时,由于参与者的行动路线往往具有很大的随机性,因此必然会导致收集到大量的冗余数据,造成资源浪费。因此,制订一个能不降低感知数据收集效率的参与者个人隐私信息保护机制是群智感知从理论走向实用不可或缺的一环,也是群智感知面临的重大挑战之一。

在群智感知中,隐私信息常常被分为数据隐私和上下文隐私两种[113]。面对感知服务平台需要获取参与者的位置信息与参与者希望保护自己的个人位置隐私信息之间的矛盾[114-115],目前主流的解决方案主要有以下几种。

(1) 可信第三方服务器(Trustful Third Party,TTP)法:用户数据保存在可信第三方服务器上,感知服务平台通过向可信第三方服务器查询来获取必要的用户信息,从而实现参与者上传的感知数据和其真实个人信息之间的隔离[116]。这种方法依赖可信第三方服务器,从而在一定程度上增加了隐私泄露的渠道和风险。

(2) 假名法(pseudonymity):参与者在上传感知数据时使用假名代替自己的真实ID[117],感知服务平台无法通过这种方法将轨迹等信息定位到已知的参与者,但参与者移动轨迹信息的完全暴露也会让参与者面临一定程度的风险。

(3) 隐藏法(cloaking):参与者在上传感知数据前降低感知数据所包含位置信息的精度,即将感知数据所对应的位置从点扩大到面[118-119]。通过该方法,参与者的个人隐私信息得到了一定程度的保护,但不精确的感知数据不利于后期数据挖掘等工作的开展。

(4) 扰动法(perturbation):对感知数据所包含的信息加噪[120-121]。该方法与隐藏法类似,无法真正满足感知任务的需求。

(5) 交换法(exchange-based method):主要用于数据聚合,参与者在上传感知数据之前与其他参与者进行数据交换,从而达到混淆个人隐私信息、使感知服务平台无法精确获取参与者个人隐私数据的目的[122]。这种方法不受个别参与者没有上传感知数据等因素的影响,但是感知服务平台也很难评估每个参与者的贡献。

(6) 信息加密法(encryption-based method):通过注册中心服务器或可信第三方服务器来实现信息加密[123],与可信第三方服务器法类似,同样会带有或带来新的风险。

还有一些其他类型的参与者个人隐私保护算法,如在车联网等方面使用加密、认证和访问控制等方法来保障参与者的个人隐私信息安全[124-125]。通过社交关系,也可以在一定程度上解决参与者个人隐私信息保护的问题[126]。文献[125]提出了一种通过上传无组织的稀疏位置点来降低用户位置信息泄露风险的方法,从而在保障用户隐私安全的情况下生成高质量地图。文献[127]通过差分隐私的方式,在数据收集过程中采用动态分组和添加噪声的方式为智能终端用户提供有效的隐私保护。文献[128]用同态加密系统对用户的加密数据执行加权聚合,从而在保护用户隐私的情况下计算用户的可靠性。文献[129]使用基于k-匿名的隐私保护方案来保护群智感知中与多媒体数据对应的用户隐私信息。

2.2.8 感知数据挖掘

群智感知中海量的参与者必将产生海量的感知数据,这些感知数据来源于不同的参与者、不同的设备,感知数据的类型、精度等也都存在较大差异。因此,往往需要经过数据清洗、融合、分析和挖掘,感知数据才能被充分验证,满足感知任务需求的感知数据将被进一步加工、使用,从而完成从数据到信息再到知识的飞跃。这些非结构化的感知数据大多具有明显的上下文关系,同一种信息在不同环境下可能代表不同的含义,且有些时效性强、价值密度高,有些时效性弱、价值密度低,也具有不精确性、不完整性、不一致性等多元信息质量问题。因此,如何对感知数据进行精炼提取,挖掘不同模态信息之间的关联性,整合多模态数据挖掘结果,管理和评价感知数据的多元信息质量,成为提升群智感知服务质量的重要因素。

数据清洗[130]是对感知数据进行深入挖掘的第一步,用于去除异常或冗余的感知数据,同时还可以根据感知数据之间的关联性对异常数据进行修正[131-132]。针对感知数据多源性带来的数据质量问题,可以采用按属性加权的方式进行感知数据之间的相似度计算,通过比较,相似度超过感知任务所规定阈值的数据将被认为是重复数据,同时通过感知数据与专业知识之间的相似度计算,检查原始数据中存在的错误和不一致。通过对原始数据的筛选和修正,可以进一步提高数据质量。还可以利用基于实例的机器学习方法,不断修改知识库,以提高数据清洗的准确度。

感知数据信息质量的度量标准包括数据的精确性、完整性、可信性,以及时效性等方面。在数据收集过程中,感知数据错误、丢失、冗余等现象经常发生,而针对感知数据的精炼规则也主要针对这3种现象。

（1）数据错误：当传感器或无线传输出现故障时，采集到的感知数据通常是错误的，这些错误的数据不在感知任务发布者的期望范围内或不满足已有的原理和规则，如盛夏时节采集到的室外气温低于 0 ℃，显然是错误数据。

（2）数据冗余：对单个参与者而言，冗余数据主要是指传感器收集到的重复或相似的数据；对多个参与者而言，冗余数据主要是指由于同一感知区域和时间内参与者密度过大或路线高度重合而导致的相似数据。

（3）数据丢失：传感器采集频率异常、设备的存储/网络等组件出现故障、参与者操作失误等原因使当前采集到的感知数据没有成功上传，从而出现数据丢失现象。

清洗后的感知数据可经过多模态信息抽取和转换[133]来发掘其相互之间的潜在联系，提升感知数据的应用价值。基于联合分布的多模态数据挖掘技术可以将从不同数据源提取的特征信息按照一定比例组合成新的特征，采用基于期望最大化算法（Expectation Maximization Algorithm，EM）、基于马尔可夫链蒙特卡罗（Markov Chain Monte Carlo，MCMC）方法对混合分支个数、各分支权重、新特征空间上的概率密度进行估计，得到模型参数；同时，把各个模型在自身模态上的输出结果按一定方式进行融合，分析乘积组合、线性融合、非线性融合等方式的使用效果，挖掘模态之间的相关性，提高融合技术的描述能力。

针对感知数据规模大、种类多及高速变化等特性，可基于由 Google 提出的面向大数据集处理的分布式编程模型 MapReduce 算法，实现用于数据过滤操作的 Map 函数和用于数据聚集操作的 Reduce 函数，以键值对的形式存储输入、输出数据，充分利用其硬件需求低、扩展性强的优点。使用 MapReduce 算法与现有关系数据库技术的融合方法，从数据的组织和查询的执行入手，可以设计高性能的数据查询处理框架，使之既具有高度的可扩展性，又具有关系数据库的性能。

通过对感知数据的深入挖掘，除了为上层应用提供高质量的感知数据，往往还可以发现感知数据新的潜在价值，从而产生新型的群智感知应用。新型的群智感知应用研究是对群智感知的升华，对加速社会发展、提高人们生活水平和工作效率都有着积极的意义。

文献[134]通过研究城市中的环境监测应用的灵敏度，即其提出的"城市分辨率"概念与城市中感知节点数量的关系，分别考虑了随机分布模型和人车移动模型下的不同特点，从而为"城市感知应用需要多少感知节点"这一问题提供了解决方案。文献[135]研究了数据质量所包含的多种性质，提出了基于性质的数据质量综合评估框架，并针对影响数据可用性的 4 个重要性质——完整性、精确性、一致性以及时效性，整理出在数据集合上的操作方法,该四维数据质量关系模型有助于对群智感知数据质量的综合评估,并以此为基础制定了混合型错误情况下的数据清洗修复策略。文献[136]认为数据的时空覆盖度和数据本身的精度是影响感知数据质量的重要因素,数据的时空覆盖度保证了数据不但多,还不过分集中,数据本身的精度则保证了数据是能够放心使用的。该文献从这两个层面讨论了感知质量度量和保障的方法,对群智感知应用的研究具有一定的指导意义。文献[137]使用机器学习的方法,通过训练数据模型来识别异常数据,从而提高最终的数据准确度。文献[86]从人们的专业知识差异出发,研究了在群智应用中如何通过少数具备专业知识人群的数据来发现错误数据并进行纠正,从而有效提升群智感知获取数据的专业价值。

2.2.9　感知节点调度

1. 无线传感器网络中的节点调度算法

在自然环境中安置的传感器节点往往都是不可维护的,因此系统设计者会将传感器节点设计为定时唤醒或事件触发唤醒,以延长无线传感器网络的工作寿命[138],也可以通过探求网络服务质量和唤醒频率之间的平衡[139],或者直接根据需求对传感器节点的位置和分布进行针对性设计[18],从而更好地完成特定需求下的感知任务。在无线传感器网络中也可以通过调度算法提高网络的可靠性,如根据网络传输需求对传感器节点的工作状态进行调节,从而提高网络传输的可靠性[140]。此外,也可以通过节能管理和环境能量补给来延长传感器网络的工作寿命[71],或者通过对数据采集协议的研究,分析节点需求、能耗以及延迟等之间的关系,进而达到在优化网络寿命和网络可靠性条件下降低传输延迟的目的[72]。还有研究者研究混合能源市场中的最佳能源交易和调度问题[141],该市场由外部公用事业公司和由本地交易中心管理的本地交易市场组成。

2. 群智感知系统中的节点调度算法

群智感知系统自提出以来,最主要的工作就是收集环境数据,以实现对真实环境的还原[142]。与群智感知系统相关的研究很多,如通过群智感知来进行环境监测时,由于感知节点的数量和检测范围息息相关,因此可以通过考虑随机分布模型和人车移动模型下的不同特点来解决"城市感知应用需要多少感知节点"这一类问题[134]。为了达到这个目标,就需要最大化群智感知系统所收集环境数据的质量[136],而群智感知系统的感知节点主要是智能终端用户,由于人们的活动范围往往比较集中,因此合理的感知节点选择策略可以有效地减少冗余数据,改善感知数据的分布情况[87]。感知节点选择在策略中分为以任务为中心和以用户为中心两种,具体如在人少、任务多环境下最小化总移动距离,在人多、任务少环境下最小化总激励支出且最小化总移动距离这两种理论解决方案[86],从而为在不同人群分布、不同人员流动性等区域下的参与者选择提供理论基础。此外,由于智能终端设备往往携带很多不同类型的传感器,因此目前的群智感知研究大多以多任务系统为基础进行,这就需要感知服务平台对感知任务进行合理的规划,从而能够以有限的资源更好地完成感知任务。如当前群智感知收集的感知数据大多为物理环境参数,一些感知任务的数据需求往往有一定的重叠,因此可以通过在多个感知任务之间共享数据以降低通信成本,用最小的代价满足更多的任务需求[70]。

此类研究多依托实际应用,如有研究者从自行车停靠站对共享单车用户体验的影响出发,通过对停靠站进行动态分组以及蒙特卡罗模拟来预测停靠站的单车需求情况,从而帮助共享单车管理者更好地对共享单车进行调度[73]。也有研究者通过对人们手中设备连接基站的访问记录的研究来实现城市准确、实时和空间细粒度的人口估计[74],从而为群智感知应用的大规模准确部署提供必要的数据基础。

为了增加智能终端用户上传的数据量,还可以通过激励机制等方式来鼓励智能终端用户,如有研究者提出一种在预先不知道用户信息(用户随机到达)情况下基于在线竞价的激励机制[108],从而可以在预算约束条件下完成参与者选择。也有研究者考虑任务难度以及参与者完成任务的质量,基于反向竞价的方法来制定激励机制、设计竞标获胜算法,其可以用于普通的感知任务或者大多数参与者都具备高可靠性的感知任务[109]。还有研究者设计了一种多市场动态双向竞价的激励机制,用来解决在群智感知中的公平交易问题[110]。此外,激励机制也经常与感知数据质量相关研究结合,如有研究者提出预算约束下满足任务最大化覆盖的激励机制[111],从而可以更好地将激励机制与群智感知应用相结合。

3. 其他调度算法

当前也有研究将群智感知与车联网进行融合,如有研究者研究在以车联网为基础的群智感知中车辆和普通参与者行动预测的区别[88],通过贪婪和遗传算法来解决不同场景下的参与者选择问题;还有研究者对随机游走与位置特异性之间的关系进行深入研究[89],或是通过对智能手机用户应用使用习惯的研究对用户进行分类[90],这些都可以优化群智感知系统中参与者选择的效果。

随着人工智能技术的发展,也有研究者开始将深度学习和群智感知结合,如通过深度学习对群智感知中智能终端设备的数据传输策略进行调度,从而提高设备的效能[143]。同时,研究者们也开始用深度学习来控制机械手臂、机器人等[144]。深度强化学习近年来引起了业界和学术界的广泛关注。强化学习的目标是通过优化累积的未来奖励信号来学习针对顺序决策问题的良好策略。谷歌的深度强化学习研究更是让计算机学会了玩电子游戏[145-147]。群智感知的核心研究内容之一正是研究"环境-决策"的关系,因此这种将前序状态(游戏画面)作为输入、将下一步需要执行的策略作为输出的方法为智能设备的智能化控制提供了新的思路,也就是说,深度强化学习算法的出现为无人智能设备在群智感知中的广泛应用提供了可能。

Q-learning[148]是目前最流行的强化学习算法之一,但由于 Q-learning 包括超过估计动作值的最大化步长,倾向于偏高估计而不是偏低估计,因此 Q-learning 有时会学习到不切实际的 Q 值。有研究者提出了一种用于车辆自组织网络的数据存储方案[149],并利用基于强化学习的方法来估计当前决策的未来回报。有研究者设计了 Ant-Q[150]系列算法,其与 Q-learning 有很多相似之处。之后,有研究者开创性地提出了 Deep Q-Learning (DQN)[147],它可以直接从高维输入中学习成功的策略。同时,DQN 还引入了两种新技术,即经验回放(experience replay)和目标网络(target network),以提高学习的稳定性。有研究者进一步提出了 Double Q-learning[146]作为对 DQN 的一种补充和提高。有研究者建议在 DQN 中使用优先经验回放(prioritized experience replay)[151],以便进一步提高学习效率。还有研究者设计了一种新的对抗性神经网络架构[152],其中包括两个单独的估计器:一个用于状态值函数,另一个用于与状态相关的行为优势函数。该项结果表明,在存在许多具有相似价值动作的情况下,该网络结构可带来更好的策略评估效果。

以上研究成果集中于具有有限动作空间的离散控制,还有研究者研究如何扩展深度强化学习以解决连续控制问题。有研究者基于可以在连续动作空间上运行的确定性策略梯度,提出了一种基于 actor-critic 的无模型算法,称为"DDPG"[153]。有研究者提出了归一化优势函数以降低样本复杂度[154]。有研究者提出了用于优化 DNN 学习的异步梯度下降方法[155],并展示了在多种连续电机控制下异步 actor-critic 方法的成功之处。还有研究者提出了一种政策梯度方法 Q-Prop[156],该方法使用了离线 critic 的泰勒展开作为控制变量,可以解决复杂的控制和资源分配问题。

从控制无人驾驶汽车到玩围棋,越来越多的领域和行业都在使用深度学习。深度学习模型是一类机器学习模型,可以通过学习低级通用特征构建高级特征来学习特征的层次结构,从而自动捕获低级特征之间相关性的特征构建过程。深度学习模型可以是监督的、半监督的或无监督的,研究结果表明,所生成的模型在不同类型的任务中可以具有很好的性能,如视觉对象识别[157]、自然语言处理[158]等。卷积神经网络(Convolutional Neural Network,CNN)[159]是深度学习模型中最流行的一种,它使用卷积核等来处理输入的图像,从而得到复杂的视觉特征。CNN 中多个中间层应用了卷积、池化、标准化和其他操作,以得到目的输出。经过适当的训练后,CNN 模型可以在视觉对象识别任务上获得出色的性能,而无须手工操作。然而,CNN 模型对输入图像的某些变化相对不敏感[160]。

由于强大的特征构建能力,CNN 在各种计算机视觉任务上都展现出了强大的处理能力。目前,研究者们已经提出了许多基于 CNN 的方法来进行图像分类[161-162]、目标检测[163-164]、图像内容分析[165]等图像处理任务。例如,有研究者[162]设计了一种用于图像分类的密集卷积网络结构,该结构引入了具有相同特征图大小的任意两层之间直接连接的方法。通过集成恒等变换(identity mappings)、深度监督和深度多样性,特征可以在整个网络中多次利用。目前,基于区域的卷积神经网络(R-CNN)被广泛用于目标检测,该方法将选择性搜索区域和基于卷积网络的后分类相结合。有研究者通过对目标进行有效的分类[166],提出了用于快速目标检测的 Fast R-CNN。在 Fast R-CNN 的基础上,有研究者提出了 Faster R-CNN[164],用于通过实时神经网络替换选择性搜索来给出边界框,从而实现实时的目标检测。此外,有研究者使用 CNN 和递归神经网络(Recurrent Neural Networks,RNN)生成图像的自然语言描述[165]。研究者使用 R-CNN 来检测目标,并使用双向 RNN 生成单词,进一步使用一种多模式嵌入空间,用于将句子摘要与视觉区域进行匹配,最终基于上述对应关系,采用多模式 RNN 模型学习生成摘要。这些基于 CNN 的模型可以通过卷积自动从输入图像生成大量特征,减少参数数量,并通过合并操作防止过拟合。

基于 CNN 的算法还被用于感知环境信息以进行视觉导航,例如有研究者[167]通过训练深度神经网络模型,以单个图像作为输入直观地生成导航方向。有研究者提出了一种基于 CNN 和 Q-learning 的深度学习模型[145],该模型通过仅使用原始像素作为模型输入,可以在玩 Atari 游戏时获得更好的分数。有研究者分析了 Minecraft 中 3 类受认知启发的任务,将这些模型在不同的地图集上进行了训练和测试,从而可在新的地图中使用它们。有研究者提出了一种神经经验架构[168],以 2D 地图的形式组织其经验的空间结构,可以解决 2D 迷宫任务,该模型经过长时间训练,甚至可以解决 DOOM 游戏中更为复杂的 3D 迷宫任务。

与玩 2D 游戏不同,有研究者[169]提出了一种架构来处理第一人称射击游戏中涉及部分可观察状态的 3D 环境。有研究者[170]分析了文本游戏的学习控制策略任务,并采用深度强化学习架构以游戏奖励作为反馈来获取动作策略,实验表明这样的策略对于完成任务非常有帮助。有研究者[171]提出了一种用于目标驱动的视觉导航深度强化学习架构,该架构通常应用于非自然图像分布环境的视频游戏。有研究者[172]使用深度强化学习在有限的先验知识下学习各种环境感知的运动技能,从而可以对运动模式进行直接控制,实验显示通过该方法可以构建高鲁棒性的控制器。

还有一些其他类型的与深度强化学习相关的研究,例如有研究者[173]设计了一种大规模分布式体系结构,用于通过使用分布式回放经验和分布式神经网络进行深度强化学习。有研究者[174]提出了一套连续控制任务的基准套件,包括经典任务(如撑杆向上摆动)、状态和动作维度非常高的任务(例如 3D 类人机器人的运动)、只有部分观测的任务等。有研究者[175]提出了一个名为分层 DQN(h-DQN)的架构,该架构集成了在不同时间范围内运行的分层动作值功能和目标驱动内在动机的深度强化学习。h-DQN 允许灵活的目标规范,如实体和关系上的功能。有研究者[176]提出了一种基于 CACLA 风格学习的新颖深度强化学习架构,作者确定了初始 actor 偏差、单独的经验缓冲区、Boltzmann 探索等,以改善深度强化学习的性能。有研究者[177]提出了一个完全接受深度强化学习训练的 agent,该 agent 从头开始学习如何接近球、将球踢向目标并得分,从而演示了深度强化学习在参数化动作空间中的处理能力。

2.2.10 群智感知应用

群智感知一直与物联网和大数据应用紧密结合,是物联网和大数据应用的重要数据来源。这在日益流行的智慧城市、智慧校园、智慧医疗、智慧旅游等概念中都得到了很好的印证。

群智感知在不同的领域都有着广泛的研究和应用,如在工业[178]中,美国芝加哥的无线 T 恤公司(Threadless)的产品设计完全是通过网上征集完成的。来自世界各地的业余或专业的设计师可以在公司网站上提交他们自己设计的作品,然后公司将这些作品在网站上进行展示,并让用户为所有作品打分。每周得分最高的 4~6 件作品会被录用并接受预定,被录用作品的预订单数达到一定数量后就会被正式投入生产。通过用户参与,获取他们的感知数据(设计、评价),无线 T 恤公司成功地降低了自己的运营成本和生产销售风险,也受到了用户的追捧。又如,目前的在线地图应用大都可以通过用户的位置、速度等信息,实现对实时交通信息的还原,而 Google 的 Waze 应用通过授予点数等方式鼓励用户上报交通事故、道路状况甚至尚未记录的路线来帮助 Google 完善路况和道路信息,从而为用户提供更好的服务。

群智感知在公共医疗服务中有着广阔的应用前景,如流行病监测等。流感病毒传播性强并有较强的变异性,可在人群中快速蔓延、变异,因此需要不断采集病毒样本鉴别其性状,从而达到预测病毒的变异方向及传播趋势的目的。当前的流行病毒监测工作主要以被动监测为主,依靠各级医院上报。受监测体系不完善、部门间配合不协调等因素影响,病情监测上报的及时性和准确性很难得到保证。因此,借助于广大民众的集体智慧,通过民众主动汇报自身健康状况、观察周边人群和环境可能带来的健康隐患等方式,群智感知调动社区居民积极参与到流行病毒的防治工作中,可有效提高流行病毒监测工作的效率与水平。

目前,国际上已有类似的方案投入使用。2008 年,美国波士顿儿童医院和麻省理工学院媒体实验室的研究者们共同收集了源自新闻材料和政府公共内容的 3 万多个流行病告警信息,将它们放在 Google Map 上,建立起一个用于标记病毒聚集地的"健康地图"(HealthMap),并在相应的网站上实时显示全球各地传染病的发生情况及发展状态。他们还为智能手机开发了客户端软件,软件的使用者可以接收或反馈预警信息。例如,当用户发现附近小区出现了新的病例时,可立即向 HealthMap 发送相关信息或图片;HealthMap 收到信息后,将用户的发现补充到地图上,形成新的提醒,从而及时完善预警信息。目前,HealthMap 已经实现了对麻疹、猪流感、禽流感等多种流行疾病的实时监控,为广大民众和有关部门及时了解疫情、做好防护工作提供了极有价值的参考信息。

环境数据收集和监测也是群智感知中的常见应用。如 Noise Tube 系统[179-180] 和 Noise Pollution Maps 系统[181] 让人们通过自己的智能手机收集身边的噪声数据,并根据人们上传的数据绘制城市噪声地图。Sensing Urban Noises 项目[182] 利用纽约市民对噪声的抱怨数据(311 数据),结合路网数据、兴趣点数据和社交网络中的签到数据来分析纽约市区各个区域在不同时间段的噪声情况。Common Sense 项目[183] 让人们使用自己的智能手机连接便携式空气质量检测器,获取并上传收集到的空气污染数据。Creek Watch 应用[184] 让人们使用自己的智能手机对路过的河流拍照,并回答河流的水位、流速以及垃圾数量等问题,从而完成对整条河流的监控。U-Air 项目[185] 利用有限的空气质量监测站点的空气质量读数,结合天气预报、交通信息、兴趣点等多种数据,分析细粒度的空气质量信息,从而为人们的出行和更深入的研究工作提供必要的数据基础。以社区为中心的感知框架[186] 使用大数据分析进行社区行为预测,并通过分析来自真实物理世界和虚拟社交世界中的大量数据来完善社区活动模型。G-sense[187] 和 P-sense 系统[188]

也是基于群智感知的空气污染监测和控制系统,可以提供时间、空间上不同粒度的空气污染数据。GasMobile[189]和 ExposureSense[190]等项目分别设计了一套便于携带、低成本、可以与智能手机连接的空气污染检测设备,可以用于绘制细粒度的空气污染地图。基于众包的地区天气监测应用 the Mahali project[191]使用 GPS 信号来进行定位,大量的地面传感器通过人们的移动设备连接到云服务器并上传数据,从而极大地提高了系统的数据密度和覆盖范围[192-193]。

交通领域也是群智感知研究的热点领域,如受当前路况的影响,汽车选择最短但是较为拥堵的路线可能比选择稍长但是较为通畅的路线消耗更多的资源。针对这一情况,GreenGPS 导航应用[194]需要用户拥有一套专门的硬件,该硬件通过标准化接口从汽车获取油耗信息并上传到服务器,服务器会根据用户上传的数据,在用户需要导航服务的时候为用户提供最省油,但不一定是最短或者最快的路线。SmartRoad[195]通过收集汽车的GPS 数据,实现对道路交叉口停车标志或交通信号灯的检测和识别。城市人群加油行为分析项目[196]利用出租车上传的轨迹信息和北京市内的加油站位置,分析出租车的加油时间、估算加油站内车辆的排队长度,从而可以推测出每个时间段内加油站里车辆的数目和大致的加油量。结合北京市内的加油站信息、推测得到的数据和车辆的位置等信息,就可以为需要加油的车辆推荐耗时最短的加油站。同时,可以帮助城市规划部门分析判断加油站的分布位置、营业时间是否合理,也可以帮助石油公司优化汽油供给和经营策略。

当前很多地区的公交系统没有提供公交车的实时信息,因此等公交车的人们会因为长时间等不到公交车而烦躁,纠结于是否应该继续等待下去。为了解决这个问题,公交到站时间预测系统[197]让公交车上的乘客以匿名的方式向服务器报告他们的位置和公交车线路,服务器通过分析用户上传的信息,从而为所有用户,特别是在等待公交车的用户提供下一班公交车的到站时间。

第3章
多任务环境下的参与者选择

3.1 引　　言

随着智能终端设备的快速普及和物联网、大数据系统的日益流行,群智感知得到了越来越多的关注。由于群智感知中往往同时存在多个感知任务,通常情况下,感知服务平台可以根据每个感知任务的预算和数据需求,单独为其选择参与者进行数据收集。随着人们生产生活数字化程度的不断提高,社会对感知数据的需求空前高涨,群智感知也吸引了越来越多行业和企业的关注。继无锡引爆全国物联网热潮之后,贵州省率先成立了全国首家大数据交易中心,使大数据从实验室走向工业应用,走到人们的身边。为了收集更多的感知数据,满足日益高涨的需求,感知服务平台内的感知任务数量也必然会保持持续增长的态势。值得注意的是,不同感知任务的数据需求可能会出现一定的重叠,而且如今的智能终端设备都集成了多种低功耗、高性能的传感器,让设备用户可以同时收集多种环境数据[198]。同时,随着普通民众对群智感知的了解,群智感知的认可度在不断提高。这都让多任务环境下群智感知的出现成为必然。

在应用于多任务环境下的群智感知系统[77]首次被提出后,陆续出现了一些使用智能终端设备同时进行多种感知数据收集的相关算法。其中,Medusa[199]系统综合了群智感知和众包系统的优势,提出了一套多任务环境下的群智感知解决方案,该方案主要包含感知任务提交、参与者选择以及感知任务激励管理等内容。

而目前在多任务环境下的群智感知研究中,研究者往往追求的是全局最优,即感知服务平台选择的参与者所收集的感知数据对应的全部感知任务的完成度之和最高。但是,不同的感知任务所提供的预算以及任务需求都是不同的。同时,由于参与者的活动区域往往不能完整覆盖整个感知区域,这就会导致有的感知任务即使提供了较多的预算,但因为其需求的数据所对应的感知区域内参与者较少,从而无法获得与预算相符的感知任务完成度,也就出现了不公平的现象。

为了解决这个问题,感知服务平台应该在参与者选择策略中充分考虑感知任务的预算因素,使得感知服务平台在同时处理多个感知任务的时候,能够为每个感知任务交付"物有所值"的感知数据。

如图 3-1 所示,与传统的单任务群智感知类似,在多任务环境下的群智感知中,有数据需求的人或组织等可以通过多种渠道在感知服务平台发布感知任务,提出他们的数据需求并给出相应的预算。感知服务平台根据各个感知任务的需求,通过一定的策略选择参与者来进行感知数据的收集,在任务结束后根据任务预算、参与者的激励需求等信息给予参与者一定的任务奖励。而作为普通民众的参与者,由于手中智能终端设备的感知、计算能力越来越强,操作越来越方便,因此只需像传统的数据收集那样操作即可完成对多种感知数据的收集。

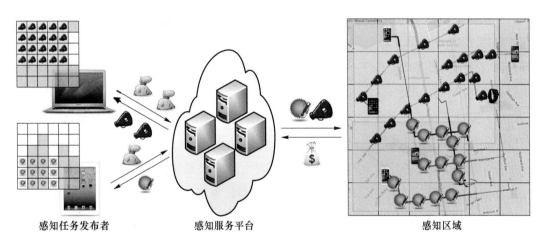

感知任务发布者　　　　　　　感知服务平台　　　　　　　　　　感知区域

图 3-1　多任务环境下的群智感知应用场景

对于多任务环境下的群智感知来说,一方面,感知服务平台对不同感知任务的预算进行统一管理,通过分析任务需求的异同,从而将多个感知任务统一为一个综合感知任务,并为其制定参与者选择策略,选择合适的参与者进行感知数据收集,从而降低运营成本;另一方面,通过多任务管理系统,感知服务平台不再需要根据每个感知任务的需求单独选择参与者来进行感知数据收集,可以减少雇佣参与者的数量和参与者的重复劳动,从而有效降低整个系统的能耗和成本,使整个系统更加绿色环保。

但是,由于不同的任务发布者给出的感知任务预算不同,即使考虑到感知数据需求总量的区别,最终感知数据的价格,即单位感知数据对应的预算额度也不尽相同。因此,如果感知服务平台只是单纯地将所有的感知任务需求相叠加,那么在选择参与者时必然会有不公平现象的出现。为了防止不公平现象的出现,感知服务平台应该根据与每个感知任务单位感知数据对应的预算额度等信息制定参与者选择策略,从而选择合适的参与者进行感知数据收集,让感知任务获得与其投入相符的感知数据。

此外,即使某些感知任务的预算完全达不到收集感知数据的最低要求,由于感知任务需求往往有一定的重叠,因此通过多任务管理系统,感知服务平台也能够为感知任务收集更多的感知数据。同时,为了吸引一些潜在的数据需求者,或者为一些公益项目收集数据,感知服务平台也可以在一定的范围内,为这些感知任务额外分配一定的预算额度,从而进一步推广或促进群智感知的发展。

针对多任务环境下群智感知所面临的问题,本章提出了一种基于感知任务预算的动态参与者选择策略,能够在有限的预算下,让所有的感知任务都能够获得较高的完成度,并保证感知任务预算得到公平使用。本章的主要贡献分为以下几点:

(1)提出了"感知任务权重"的概念,来量化在参与者选择策略中综合考虑感知任务预算和需求时,不同感知任务的重要性。任务预算额度越高的感知任务,其权重越高,能够为高权重感知任务收集较多感知数据的参与者被选择的概率也越高,从而提高参与者选择策略的公平性。

(2)分析了参与者选择所涉及的多种因素的特点,分类并分析其对参与者选择策略制定的影响。

(3)提出了多任务环境下的参与者选择策略。在考虑感知任务需求和感知任务预算使用公平性的情况下,结合参与者的感知能力等属性,基于贪婪算法完成参与者选择。

最后,本章使用微软亚洲研究院的 GeoLife 真实轨迹数据集进行了多组实验,对本章提出的算法进行了验证,并得出了如下结论:

(1)在多任务环境下的群智感知系统里,感知服务平台可以集中处理多个感知任务,从而降低参与者的重复劳动和感知服务平台的运营成本,并提高各个感知任务的完成度。

(2)感知服务平台在一定范围内提高个别预算较低感知任务的预算额度,可以在几乎不影响其他感知任务的同时,有效提高这些感知任务的信息质量满足度,从而有利于感知服务平台吸引更多的感知数据需求者。

3.2 参与者选择因素

参与者选择是群智感知的重要组成部分。虽然随着群智感知的流行、硬件技术和网络技术的发展,有越来越多的智能终端用户愿意加入群智感知,但并非所有的参与者都能够收集到高质量的感知数据。一方面,参与者的可靠性不尽相同,这源自终端设备内置传感器的精度、类型,以及参与者自身的专业性和诚信度的不同;另一方面,参与者对感知任务的参与意愿不尽相同,这源自参与者对不同感知任务的认可程度以及感知数据收集工作对其正常活动的影响不同。同时,参与者的日常活动具有很强的随机性,这也让感知数据的收集工作变得愈发不可控。为了解决这个问题,感知服务平台需要根据感知任务的需求和参与者自身的特点,制订相应的参与者选择策略,从而降低不利因素对感知数据收集工作的影响,改善感知任务的完成情况。

群智感知系统主要由感知任务发布者、感知服务平台、参与者,以及感知任务对应的感知区域组成。每当感知任务发布者发布一个新的感知任务,感知服务平台就会从在感知区域内活动的智能终端用户中选出一些参与者为感知任务收集感知数据。感知数据主要为参与者身边的环境参数,如温度、噪声等,可以通过智能终端设备中对应的传感器获取。由于不同感知任务需求的感知数据类型、数量不尽相同,不同时间内感知区域中的参与者情况也不尽相同,因此感知服务平台需要为不同的感知任务制订不同的参与者选择策略。

在制订参与者选择策略的过程中,感知服务平台需要考虑的因素也不尽相同,这些因素可以分成两类:感知任务因素和参与者因素。

3.2.1 感知任务因素

每一个感知任务在发布的时候,都需要向感知服务平台提交任务需求和任务预算,其中任务需求包括多维度的感知数据分布、数量等。这些都是感知服务平台在制订参与者选择策略时必须考虑的因素。

1. 感知任务预算

在感知任务周期内,感知数据的收集和上传不但会影响参与者的正常活动,还会消耗参与者设备的电量和网络带宽,因此感知服务平台需要根据感知任务预算和一定的策略给予参与者一定的奖励来弥补感知任务给参与者造成的损失。然而,一方面,感知任务发布者提供的预算往往是有限的,且感知服务平台还可能会再抽取一部分预算来维持平台的运营工作;另一方面,最终获得的感知数据的准确性是和参与者个数以及感知数据数量高度相关的[75],这让有限的预算显得更为紧张。

同时,不同的参与者在感知任务中会有不同的激励需求,对于一些激励需求较高的参与者,如果其活动区域位于参与者较多的繁华区域,那么感知服务平台就可以选择一些同地区激励需求较低的参与者,但如果其出现在参与者较少的偏僻地区,那么感知服务平台为了提高感知任务的完成度,就不得不选择该参与者进行感知数据的收集工作,因此在感知任务的激励分配中难免会出现"同工不同酬"的现象。因此,在感知任务发布者提供的预算内,感知服务平台需要尽可能地选择性价比最高的参与者来完成感知任务,从而降低感知数据收集成本,降低感知数据的冗余率,以及提升感知任务的完成度。

本书所有的预算和激励都以虚拟单位表示,对应到真实世界中可以是真实货币等。

2. 感知数据需求

不同感知任务的感知数据需求往往是不同的。除数据类型外,感知数据需求主要包括 3 部分,即感知数据的精度、数量以及时空分布程度。

感知数据的精度在不同感知任务中的标准不同,且受很多因素影响,如环境、参与者的专业性、终端设备内置传感器的性能等。对于来自环境的影响,感知服务平台可以在天气预报和新闻中提取相关信息。而对于来自参与者的影响,最直接、有效的方法就是让参与者提交个人信息数据,但随着人们个人隐私信息保护意识的增强,让参与者上传过多的个人信息可能会导致参与者对群智感知认可度、参与意愿的降低,进而导致参与者拒绝参与感知数据收集工作[200]。因此,感知服务平台需要在制定参与者选择策略时减少对参与者个人信息的收集。

如果感知任务需要大量的感知数据,那么感知服务平台就不得不选择更多的参与者或要求每一个参与者收集更多的感知数据。对于一些参与者人数较多的区域,感知服务平台可以适当降低发放的任务激励,从而进一步降低感知任务预算消耗。而在感知任务预算有限的情况下,感知服务平台可能无法选择更多的参与者来完成感知任务。同时,如果感知服务平台强制要求参与者收集过多的感知数据,参与者对群智感知的认可度、参与意愿同样会降低。

感知数据的时空分布程度是对感知任务需求的感知数据在时间、空间两个维度进行的一定粒度的划分。由于使用数量相同但空间、时间分布均匀程度不同的感知数据,通过插值等方式对真实情况进行还原的结果会存在一定的差异,因此参与者收集到的感知数据的时空分布程度会对感知数据的价值产生影响。

3.2.2 参与者因素

参与者是感知数据收集工作的执行者,在群智感知中扮演着最不可控且最重要的角色。在同一批智能终端用户中选择不同的参与者来执行感知任务,最终的感知任务完成情况往往会有较大的差异。为了能更准确地进行参与者选择,参与者往往需要向感知服务平台提交他们的一些个人信息,如感知能力等。被选择的参与者会在感知任务指定的时间内收集并上传感知任务所需的数据。

参与者的属性可以被分成 3 类:主观属性、客观属性以及中性属性。

1. 感知能力

参与者的感知能力为参与者的客观属性。参与者的感知能力包括参与者所持智能终端设备内置传感器的精度、类型以及参与者的专业能力等。

传感器和感知数据是一一对应的,只有安装了对应传感器的智能终端设备才能收集所需的感知数据,因此当感知服务平台记录参与者信息时,将根据参与者报告的传感器类型来记录参与者的感知能力。在参与者选择过程中,无感知任务所需数据对应传感器的参与者的贡献值为 0。

对于一些专业性较强的感知任务,往往需要参与者领取专门的设备,并通过培训才能进行感知数据收集。而对于普通的感知任务,感知服务平台在进行参与者选择时并不需要考虑参与者的专业能力。

2. 设备剩余电量

参与者的设备剩余电量为参与者的客观属性。

一方面,随着智能终端设备的小型化,越来越多的设备不再允许用户自行更换电池,而内置电池提供的设备续航时间通常不超过一天。参与者使用自己的智能终端设备收集和上传感知数据,特别是收集和上传体积较大的多媒体数据,将大大缩短设备的使用时间,从而对参与者的正常活动产生不利的影响,进而降低参与者对感知任务的参与意愿。

另一方面,降低感知服务平台运行和参与者收集感知数据的能耗,建设绿色、高效的群智感知也是当前的研究热点之一[143]。

3. 位置和轨迹

参与者的位置和轨迹为参与者的客观属性。在群智感知中,参与者的位置主要指当前位置,轨迹主要指历史轨迹。

在参与者选择策略中,由于参与者的未来行动路线通常是未知的,感知服务平台为了评估参与者对感知任务的潜在贡献,需要对参与者的未来行动路线进行预测。

很多研究者关注基于全球定位系统、无线蜂窝网络等位置采集技术的轨迹预测办法,并提出了很多解决方案。有研究[201-202]发现人类的活动行为具有一定程度的时空规律性,该结论让预测人类活动变成了可能,这也让参与者轨迹预测方法有了切实可行的理论依据。还有研究发现电信运营商收集的大量用户移动轨迹也可以用于参与者的轨迹预测[203]。同时,当预测参与者的轨迹时,还可以使用基于莱维行走[204]或马尔可夫模型[205-206]的方法,即基于参与者之前的若干个轨迹点来预测参与者的未来轨迹[207-208],并计算轨迹对应的覆盖度[209]。而上述大部分研究工作都通过参与者的当前位置和历史轨迹来预测参与者的未来轨迹,其主要过程可分为两个部分:①通过历史轨迹信息训练轨迹预测模型;②根据轨迹预测模型、参与者的当前位置和历史轨迹进行预测。

4. 信誉度

参与者的信誉度为参与者的客观属性。

“信任”和“信誉”在商业、教育等领域一直作为重要的评价机制而被广泛使用,可以有效地对人们的行为进行约束。在群智感知中,将信誉度作为参与者选择所考虑的因素之一,可以有效地减少参与者的不规范行为,如不根据感知任务的要求收集环境数据,甚至上传伪造的感知数据等[210-211]。

信誉度较高的参与者往往可以提供质量更高的感知数据,因此在参与者选择过程中,感知服务平台在评估参与者对感知任务的潜在贡献时可以将参与者的信誉度作为评估标准之一。同时,感知服务器平台还可以根据参与者的行为对参与者的信誉度进行实时更新,也可以在感知任务结束后根据信誉度计算参与者应得的任务奖励。

5. 参与意愿

参与者对感知任务的参与意愿为参与者的主观属性。

完成感知任务会给参与者带来一定的奖励,因此可以认为感知任务对参与者有一定的吸引力。而感知任务也会影响参与者的正常活动,同时由于人们通常会根据自身感受做出决定,因此同一参与者在不同时间、不同地点和不同场景下对同一感知任务的参与意愿往往会有较大差异。

参与者对感知任务的参与意愿是难以量化的。但是在群智感知中,参与者设备的剩余电量、感知任务复杂度等因素必然会对其产生一定的影响。因此,在参与者选择过程中,可以根据参与者的信息,适当改变参与者在感知任务中的工作内容,就有可能提高参与者对感知任务的参与意愿,从而提高感知数据的质量或收集量。

6. 激励需求

参与者的激励需求为参与者的中性属性。

参与者会根据主观感觉,以及客观的感知能力、位置等向感知服务平台提出其对感知任务的激励需求,因此可以认为参与者的激励需求为参与者的中性属性。

在群智感知中,不同的参与者虽然可能会提出不同的激励需求,但由于参与者所处的位置、感知能力等有所不同,因此参与者对感知任务的潜在贡献不会完全和激励需求有固定的关系。而一旦满足参与者的激励需求,通常参与者就不会再拒绝感知任务,因此感知服务平台需要将参与者的激励需求作为评估参与者对感知任务潜在贡献的标准之一。

不同的参与者选择因素之间存在一定的联系和制约,如图 3-2 所示。可以认为这些联系和制约主要存在以下 6 个方面:

(1) 参与者的客观属性因素和感知任务因素往往会限制感知数据的收集;

(2) 参与者的客观属性因素会影响参与者的主观属性因素和中性属性因素;

(3) 参与者的中性属性因素会影响参与者的主观属性因素;

(4) 参与者的主观属性因素会影响感知数据的收集;

(5) 感知任务预算会限制参与者的激励需求(不被选择);

(6) 感知数据的收集会影响参与者的信誉度。

最终,感知服务平台会根据以上因素,结合感知任务的特点,制订一个适合于感知任务的参与者选择策略。

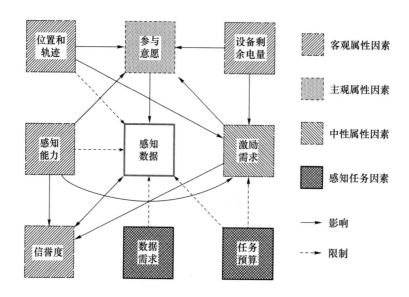

图 3-2　参与者选择因素之间的关系

3.3　系统模型

3.3.1　系统架构

针对多任务环境下的群智感知系统中可能出现的感知任务预算使用不公平的问题，本章设计了一个多任务环境下的群智感知应用场景，如图 3-1 所示。该场景对应一个 2D 感知区域，以 $\mathcal{L}$ 来表示。整个系统由感知任务发布者、感知服务平台和参与者组成。其中，参与者以 $\mathcal{M}\overset{\Delta}{=}\{m=1,2,\cdots,M\}$ 来表示。感知任务发布者、感知服务平台和参与者通过一些感知任务关联到一起，以 $\mathcal{Q}\overset{\Delta}{=}\{q=1,2,\cdots,Q\}$ 来表示。感知服务平台支持收集 K 种感知数据，以 $\mathcal{K}\overset{\Delta}{=}\{k=1,2,\cdots,K\}$ 来表示。

感知服务平台会设定一些固定感知任务的开始时间，并以此将系统工作时间分成若干个感知任务准备周期。在每一个感知任务准备周期内，当有任务发布者发布了一个新的感知任务 q 时，感知服务平台会记录该感知任务的数据需求，并将该感知任务的预算 c^q 纳入该感知任务准备周期的整体预算中，以 c 来表示。

为了能更好地对应感知任务需求,感知区域被分成 L 个子区域,以 $\mathcal{L} \triangleq \{l=1,2,\cdots,$ $L\}$ 来表示。同时,在同一个感知任务准备周期内不同感知任务需求对应的子区域可能不同,其中感知任务 q 对应的感知区域以 $\mathcal{L}^q$($\forall q \in \mathcal{Q}, \mathcal{L}^q \subseteq \mathcal{L}$)来表示。一个完整的感知任务准备周期在时间上分为 T 个时间区间,以 $\mathcal{T} \triangleq \{t=1,2,3,\cdots,T\}$ 来表示,感知任务 q 对应的任务时间为 $\mathcal{T}$ 的子集,以 $\mathcal{T}^q$($\forall q \in \mathcal{Q}, \mathcal{T}^q \subseteq \mathcal{T}$)来表示。感知任务 q 的数据需求 r^q 被分散到不同的子区域和时间区间中,其中在子区域 l 和时间区间 t 内的感知数据需求量以 r^q_{lt} 来表示。

当一个智能终端用户在感知服务平台注册成为一个感知任务参与者时,他需要向感知服务平台提交他的感知任务激励要求,即当感知服务平台至少提供多少任务奖励时,他才会接受感知任务,其中参与者 m 的感知任务激励需求以 i_m 表示。

由于不同的感知任务需求的感知数据类型可能存在差异,因此感知任务参与者在注册时,还需提供他的感知能力,即其所携带智能终端设备能收集的感知数据类型。感知服务平台会将参与者的感知能力记录在参与者的注册信息中,对于某一类型的感知数据,如果参与者能够收集,则对应的标记记为 1,否则记为 0。其中,参与者 m 的感知能力以 u_m 来表示,其记录方法如下所示:

$$u_m = \begin{cases} k_1 = 1, \text{即参与者 } m \text{ 可以收集类型 1 信息} \\ k_2 = 1, \text{即参与者 } m \text{ 可以收集类型 2 信息} \\ k_3 = 0, \text{即参与者 } m \text{ 不可以收集类型 3 信息} \\ \quad\vdots \\ k_K = 1, \text{即参与者 } m \text{ 可以收集类型 } K \text{ 信息} \end{cases} \tag{3-1}$$

参与者接受感知服务平台推送的感知任务后,将根据感知任务需求和自己的活动线路开始进行数据收集工作。

在本章的群智感知应用场景中,假设参与者在进入感知区域后的轨迹是未知的。而为了完成参与者选择,感知服务平台需要对参与者的未来轨迹进行预测,从而完成对参与者潜在贡献的估算。为了完成参与者轨迹预测,本章假定参与者的初始位置是已知的,使用基于 k 阶马尔可夫链的轨迹预测模型[206]完成对参与者的轨迹预测。

3.3.2 信息质量满足度模型

为了让物联网和大数据应用能更好地通过收集到的感知数据对感知区域进行分析,

收集的感知数据应尽可能同时在时间和空间两个维度均匀地分散在与任务需求对应的感知区域内。因此,感知数据在时间、空间中的分散度是感知任务需求中的重要组成部分。为了能够更好地完成参与者选择和数据收集工作,本章提出了一个指标来量化已收集的感知数据达到的感知任务完成度:信息质量满足度。

使用 $\mathcal{A}$ 表示被选择的参与者群体,并使用 o_{lt}^q 表示被选择的参与者群体在感知区域的子区域 l 和时间区间 t 内为感知任务 q 收集到的感知数据总量。在参与者选择开始前,o_{lt}^q 的值被设置为 0。在参与者选择中,如果有参与者能够在子区域 l 和时间区间 t 内为感知任务 q 收集到一份感知数据,且此时 o_{lt}^q 的值小于感知任务 q 在子区域 l 和时间区间 t 内的感知数据数量需求 r_{lt}^q,则 o_{lt}^q 的值加 1。如果 o_{lt}^q 的值已经等于 r_{lt}^q,则无论是否有新的感知数据被收集,o_{lt}^q 的值都不会再发生任何改变:

$$o_{lt}^q = \min\left(r_{lt}^q, \sum_{\forall m \in \mathcal{A}} o_{mlt}^q\right), \quad \forall q \in \mathcal{Q} \tag{3-2}$$

其中,o_{mlt}^q 为参与者 m 在子区域 l 和时间区间 t 内为感知任务 q 收集的感知数据。为了更好地对感知任务的多元信息质量需求进行建模、计算,使用 g_{lt}^q 表示子区域 l 和时间区间 t 内感知任务 q 的感知任务信息质量欠缺值:

$$g_{lt}^q = \max\left(0, \frac{r_{lt}^q - o_{lt}^q}{r_{lt}^q}\right) \in [0,1], \quad \forall q \in \mathcal{Q} \tag{3-3}$$

然后,使用矩阵 $\boldsymbol{G}^q$ 来表示感知任务 q 在整个任务生命周期内的整体感知任务信息质量欠缺值。矩阵中的元素分别表示不同子区域和不同时间区间对应的感知任务信息质量欠缺值:

$$\boldsymbol{G}^q = \begin{pmatrix} g_{11}^q & g_{12}^q & \cdots & g_{1t}^q \\ g_{21}^q & g_{22}^q & \cdots & g_{2t}^q \\ \vdots & \vdots & & \vdots \\ g_{l1}^q & g_{l2}^q & \cdots & g_{lt}^q \end{pmatrix}, \quad \forall q \in \mathcal{Q} \tag{3-4}$$

最后,计算矩阵 $\boldsymbol{G}^q$ 的标准差,并根据 $\boldsymbol{G}^q$ 的标准差来计算感知任务 q 的信息质量满足度 s^q:

$$s^q = 1 - \sqrt{\frac{\sum\limits_{\forall l \in \mathcal{L}^q, \forall t \in \mathcal{T}^q} (g_{lt}^q)^2}{L^q \cdot T^q}}, \quad \forall q \in \mathcal{Q} \tag{3-5}$$

通过以上方法计算得到的 s^q 即为感知任务 q 在感知任务生命周期内的信息质量满足度,取值范围为 0 到 1。s^q 的取值为 0,意味着被选择的参与者群体没有为感知任务 q 提供任何其所需的感知数据;s^q 取值为 1,意味着感知任务 q 所需的感知任务已经被完全收集,即每个子区域、每个时间区间内的感知数据收集量都已达到任务需求,感知任务的完成度为 100%,之后即使有新的感知数据被收集,感知任务 q 的信息质量满足度也不会进一步增加。

3.3.3 感知任务预算公平度模型

为了在感知数据收集中体现感知任务预算使用的公平性,感知服务平台要根据感知任务提供的预算、需求,以及参与者的感知能力等选择合适的参与者群体进行感知数据收集工作。本章假设在整个感知任务周期内,收集每一份感知数据的成本是相同的,因此最具感知任务预算使用公平性的结果,即每个感知任务单位预算对应的被收集的等价感知数据量相同。

当计算感知任务的信息质量满足度时,由于模型考虑了感知数据受时空分散度的影响,因此由分布不同但数量相同的感知数据计算得到的信息质量满足度可能会有较大的差异,而且在同一子区域、同一时间区间内获取过多的感知数据可能会带来大量无意义的冗余数据。因此,为了能更好地在感知数据收集中体现感知任务预算使用的公平性,将根据所有感知任务的单位感知数据预算对应的有效感知数据量来计算感知服务平台的感知任务预算公平度。

使用 v 来表示所有感知任务的预算使用度,即获取的感知数据价值与感知任务预算的比值。

$$v \stackrel{\Delta}{=} \{v^{q1}, v^{q2}, \cdots, v^{qQ}\} \tag{3-6}$$

由于不同感知数据的收集成本可能不同,因此 v^q 可以通过感知任务 q 在整个感知任务周期内获得的有效感知数据量、感知数据的单位价格和预算进行计算:

$$v^q = \frac{d^q \cdot o^q}{c^q}, \quad \forall q \in Q \tag{3-7}$$

然后,通过 v 计算感知任务预算公平度:

$$z = \sqrt{\frac{\sum\limits_{\forall q \in Q} (v^q - \overline{v})^2}{Q}} \tag{3-8}$$

其中,$\overline{v}$ 表示所有感知任务预算使用度的均值:

$$\overline{v} = \frac{\sum\limits_{\forall q \in Q} v^q}{Q} \tag{3-9}$$

3.4 基于预算使用公平性的参与者选择策略

3.4.1 最优化问题定义

参与者选择的目标是在感知任务预算有限的情况下,找到最优的参与者群体收集感知数据,在保证感知任务预算使用公平的情况下,为所有感知任务获得尽可能高的信息质量满足度。将最优化问题设定为

$$\text{max:} \quad s^q = 1 - \sqrt{\frac{\sum\limits_{\forall l \in \mathcal{L}^q, \forall t \in \mathcal{T}^q} (g_{lt}^q)^2}{L^q \cdot T^q}}, \quad \forall q \in \mathcal{Q}$$

$$\text{min:} \quad z = \sqrt{\frac{\sum\limits_{\forall q \in \mathcal{Q}} (v^q - \bar{v})^2}{Q}} \tag{3-10}$$

$$\text{s.t.:} \quad \sum\limits_{\forall m \in \mathcal{M}} i_m \leqslant c$$

其中,s^q 表示感知任务 q 在感知任务生命周期内的信息质量满足度,z 表示感知服务平台的感知任务预算公平度,i_m 表示参与者 m 的感知任务激励需求,c 表示所有感知任务的预算总和。

3.4.2 感知任务权重模型

为了制订多任务环境下的群智感知系统的参与者选择策略,降低出现感知任务预算使用不公平现象的概率,一方面,感知服务平台要选择感知能力强、收集数据多、分散均匀的参与者来进行感知数据收集;另一方面,当感知任务预算不足时,感知服务平台可以多选择一些能同时为多个感知任务收集感知数据的参与者,从而提高整体的信息质量满足度、降低预算开销。同时,为了保持群智感知系统的健康发展,感知服务平台也要在一定程度上为那些预算不多的感知任务多收集一些感知数据,从而可以吸引更多的数据需求者使用群智感知系统。

为了解决这个问题,针对多任务环境下的群智感知系统的参与者选择策略,本章提出了"感知任务权重模型",用来量化在参与者选择策略中不同感知任务的重要性。任务

预算额度越高的感知任务权重越高,能够为这些高权重感知任务收集较多感知数据的参与者被选择的概率也越高。因此,本章引入了一个感知任务优先级系数 α^q,用来表示感知任务 q 在获得不同数量的感知数据时在参与者选择中的优先级:

$$\alpha^q = e^{\frac{\bar{v} - v^q}{\bar{v}}}, \quad \forall q \in Q \tag{3-11}$$

为了对感知任务预算的分配方式进行调节,为了在参与者选择中参考感知任务的信息质量满足度 s^q,本章还引入了一个感知任务完成度系数 β^q,用来在一定程度上对感知任务信息质量满足度 s^q 的影响力进行微调:

$$\beta^q = (1 - s^q)^\lambda, \quad \forall q \in Q \tag{3-12}$$

其中,λ 为调节参数,取值范围为 0 到 1。较高的 λ 值意味着在参与者选择策略中,感知服务平台会更加倾向于让所有的感知任务都取得更高的信息质量满足度,而较低的 λ 意味着感知服务平台会更加倾向于考虑感知任务预算使用的公平性。最终,感知任务 q 的权重 ω^q 通过感知任务优先级系数 α^q 和感知任务完成度系数 β^q 来计算:

$$\omega^q = \alpha^q \cdot \beta^q = e^{\frac{\bar{v} - v^q}{\bar{v}}} \cdot (1 - s^q)^\lambda, \quad \forall q \in Q \tag{3-13}$$

如果感知任务 q 的权重 ω^q 相对于其他感知任务来说比较高,则意味着该感知任务的信息质量满足度较低,而且很可能远远没有达到通过历史价格计算得到的单位预算的有效感知数据量。

3.4.3 最优化问题解决方案

多目标优化问题〔即公式(3-10)〕的最优解是无法通过高效的算法得到的。同时,由于感知任务预算是有限的,参与者的行动路线不可控,且人们的日常工作生活具有一定的群体性特点,因此参与者收集的感知数据很难完整覆盖感知任务需求。而感知任务需求数据对应的感知区域往往也有一定的差异,所以感知任务预算使用的公平性很难得以满足。

为了能更好地解决多任务环境下的参与者选择问题,本节基于 3.4.2 节提出的感知任务权重模型,设计和使用了一种迭代式的基于贪婪算法的参与者选择策略。在该方法中,通过迭代的方式,在每一轮迭代中选择对所有感知任务贡献之和最高的参与者,直到满足迭代结束条件。具体步骤如下:

(1) 参与者贡献计算。对于每一个参与者,感知服务平台会根据他们的轨迹、感知能力和感知任务权重模型计算出该参与者对每一个感知任务的贡献,并将其对每一个感知任务的贡献之和作为该参与者的最终贡献。

（2）参与者贡献排序。在计算完所有参与者的贡献后，根据参与者的贡献对参与者进行排序，贡献最高的参与者即为本轮迭代的被选参与者。

（3）模型更新。选出本轮被选参与者后，根据该参与者的贡献，更新感知任务信息质量满足度和感知任务权重模型。

（4）迭代。重复步骤(1)～(3)，直到感知任务预算耗尽、参与者已全部被选或剩余参与者贡献全部为 0，迭代结束。

在迭代步骤(1)中，参与者 m 在每一轮迭代过程中的贡献 $\theta(m, \mathcal{A})$ 即为将参与者 m 加入参与者群体 $\mathcal{A}$ 后，新的参与者群体 $\mathcal{A}^*$ 相比于参与者群体 $\mathcal{A}$ 所能达到的各个感知任务的信息质量满足度增量之和：

$$\theta(m, \mathcal{A}) = \sum_{\forall q \in Q} (\omega^q \cdot (s^q(\mathcal{A}+m) - s^q(\mathcal{A}))), \quad \forall m \in \mathcal{M} \tag{3-14}$$

其中，$\mathcal{A}$ 即为在本轮开始前的迭代过程中所有已被选择的参与者群体，$\theta(m, \mathcal{A})$ 表示参与者 m 在本轮参与者选择中对所有感知任务的贡献之和。参与者能收集的感知数据通过参与者的轨迹和感知能力来计算。

本章提出的基于感知任务权重的参与者选择算法在每一个感知任务准备周期结束后、感知数据收集工作开始前执行。

算法：基于感知任务权重的参与者选择算法

输入：感知服务平台中的感知任务集合 Q；

所有感知任务的预算总和 c；

当前剩余的预算 c_{left}；感知任务 q 的感知区域和感知时间 L_q，T_q；

感知任务 q 的感知数据类型需求 k^q；

感知任务 q 的感知数据数量需求 r^q；

参与者群体 $\mathcal{M}$；

参与者 m 的激励要求 i_m；参与者 m 的感知能力 u_m；

参与者 m 收集的感知数据 o_m；感知数据收集的时间区间 Δt。

输出：被选择的参与者群体 $\mathcal{A}$。

1：初始的被选择参与者群体 $\mathcal{A}=$ NULL；初始的未选择参与者群体 $\mathcal{B}=\mathcal{M}$；

2：**while** 1 **do**

3： flag ← 0；selected_id ← 0；max_efficiency ← 0；

4： **for** 参与者 $m \in \mathcal{B}$ **do**

5： 通过式(3-14)计算 m 的贡献 $\theta(m, \mathcal{A})$；

6： **if** $\theta(m, \mathcal{A}) >$ max_efficiency **then**

7： selected_id ← m；max_efficiency ← $\theta(m)$；flag ← 1；

8： **end if**

9： **end for**

10： **if** flag = 0 or selected_id = 0 or $c_m \geqslant c_{\text{left}}$ **then**

11： break；

12： **end if**

13： $\mathcal{A}$ ← $\mathcal{A}$ + selected_id；$\mathcal{B}$ ← $\mathcal{B}$ − selected_id；

14：**end while**

15：返回：最终被选择参与者群体 $\mathcal{A}$。

3.5 实验设计与结果分析

3.5.1 实验设计

在算法评估实验中,本章使用了意大利罗马出租车轨迹数据集[212]。该数据集收集了 320 辆出租车在 30 天内的 GPS 轨迹信息。每一条轨迹都包含了出租车驾驶员的 ID、GPS 坐标记录的日期和时间,以及 GPS 坐标包含的经纬度信息。为了能更好地进行算法评估实验,本章对该数据集进行了如下处理:

(1) 数据集内的轨迹分布在意大利罗马的不同片区,数量非常多(包含了超过 2 000 万个 GPS 坐标点),分布非常广,且大部分地区内的轨迹都较稀疏,如图 3-3(a)所示。为了方便进行算法评估实验,需要找到一个区域较小、轨迹较为密集的区域。存储并分析了所有的 GPS 坐标后确定了一块大约为 800 m×500 m 的区域,如图 3-3(b)所示。该区域接近罗马的 Parco Adriano 公园,在台伯河(Tiber River)的北岸,接近梵蒂冈的东部。

选定该区域作为实验的感知区域,该区域内所包含的 GPS 坐标和对应的轨迹信息如图 3-3(c)和图 3-3(d)所示。

(2)为了简化算法评估实验的计算量,本章将选定的区域分成了 16×10 个子区域,每个区域的尺寸大概为 $50\text{ m} \times 50\text{ m}$,即 $L = 160$。在感知区域内设置了 3 个不同的感知任务,分别对应 90、70 以及 50 个分散的子区域(T^q)。每个感知任务一个时间区间内在一子区域需要的感知数据数量(r_l^q)分别被设置为 300、200 以及 400。默认的任务预算(c^q)被设置为 500,每个参与者的感知任务激励需求被随机设置为 1 到 10 个虚拟单位。

(3)本章将被选定区域内所包含的 5 356 条轨迹定义为感知任务的参与者,即 $M = $ 5 356,如图 3-3(d)所示。

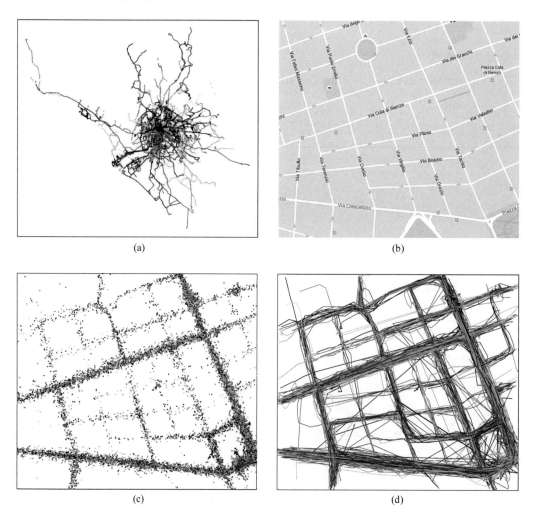

(a)   (b)

(c)   (d)

图 3-3　意大利罗马出租车轨迹数据集

（4）所有的实验都以不同的参数进行了至少 50 次,而和随机算法相关的实验被进行了至少 1 000 次,并把结果的平均值作为最终结果。

3.5.2　结果分析

本章进行的实验通过分析不同因素对感知任务信息质量满足度以及感知任务预算使用公平度的影响,来验证本章提出算法的有效性。

（1）通过实验验证了参与者总数对信息质量满足度的影响。如图 3-4 所示,可以观察到当参与者总数比较少(如 500 人)时,所有算法对应的信息质量满足度差距较小。但是由于任务预算有限,随机选择法每次都会将任务预算用尽,所以随着参与者总数的增加,随机选择法对应的信息质量满足度并没有出现太大的变化,而其他两种算法均出现了上涨,且本章提出的算法和 QoI 最优算法对应的信息质量满足度在参与者总数不多(低于 2 500)时几乎相同,仅在参与者总数较多时出现了很小的差距。

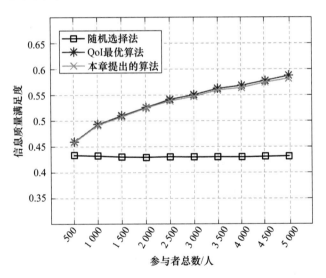

图 3-4　参与者总数对信息质量满足度的影响

（2）验证了参与者总数对预算使用公平度的影响,如图 3-5 所示。由于随机选择法往往能够带来分散程度较高的感知数据,因此随机选择法对应的预算使用公平度要比QoI 最优算法的低(更好)。但是本章提出的算法对应的预算使用公平度是最低的,比如在参与者总数为 5 000 人时,QoI 最优算法对应的预算使用公平度要比本章提出的算法高 79％。

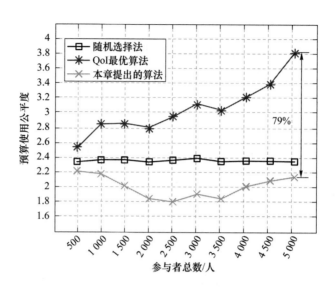

图 3-5　参与者总数对预算使用公平度的影响

（3）验证了任务预算对信息质量满足度的影响。如图 3-6 所示，可以观察到随着任务预算的增长，所有算法对应的信息质量满足度都有所增加，其中随机选择法增加得要慢一些，且和另外两种算法的差距在逐渐扩大。同时，本章提出的算法和 QoI 最优算法的差距一直很小。结合图 3-4 可以看出，一个合适的参与者选择算法可以通过其他条件来降低任务预算对信息质量满足度的影响。

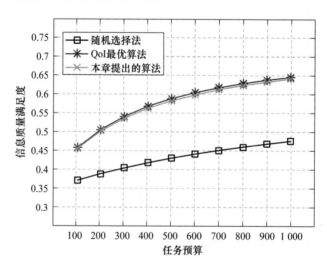

图 3-6　任务预算对信息质量满足度的影响

（4）验证了任务预算对预算使用公平度的影响。如图 3-7 所示，可以观察到本章提出的算法对应的预算使用公平度一直比 QoI 最优算法低，如当任务预算为 100 单位预算时,QoI 最优算法要比本章提出的算法高 164％。但是当任务预算很高时,所有的算法都可以选择大量的参与者,而随机选择法对应的感知数据分散程度很高,因此随着任务预算的增加,最终随机选择法获得了更低的预算使用公平度。

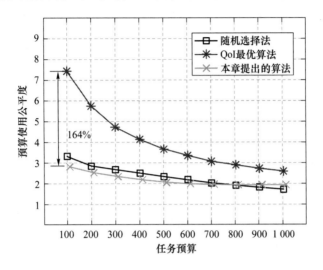

图 3-7 任务预算对预算使用公平度的影响

（5）验证了在一个时间区间内一个子区域的感知数据需求量对信息质量满足度的影响,如图 3-8 所示。显而易见的是,随着感知数据需求量的增加,所有算法对应的信息质量满足度都在下降,但差距在不断缩小,其中本章提出的算法和 QoI 最优算法差距很小,但要比随机选择法高很多。

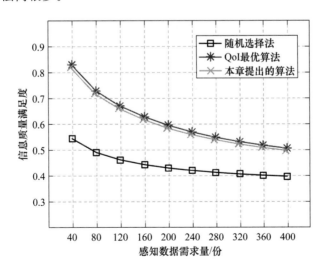

图 3-8 感知数据需求量对信息质量满足度的影响

（6）验证了感知数据需求量对预算使用公平度的影响，如图 3-9 所示。虽然本章提出的算法对应的预算使用公平度一直比 QoI 最优算法低，如在感知数据需求量为 400 份时，QoI 最优算法对应的预算使用公平度要比本章提出的算法高 90.5%。但是本章提出的算法并不一直比随机选择法低。因为当感知数据需求量很低时，很多参与者可以收集 50 份以上的感知数据，这就很容易造成不同感知任务的信息质量满足度之间的较大差异，从而也就引起了预算使用公平度的提高。

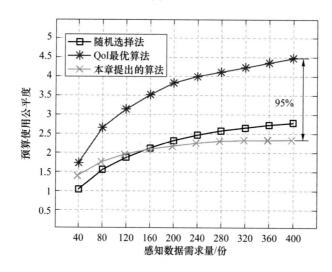

图 3-9　感知数据需求量对预算使用公平度的影响

第 4 章
基于能耗的感知动作推荐

4.1 引　言

　　上一章分析讨论了在群智感知,尤其是在基于多任务的群智感知中的参与者选择问题。为了达到感知任务信息质量满足度的全局最优或感知预算使用公平度最优等目的,感知服务平台需要根据参与者的个人信息和感知任务预算及需求制订相应的参与者选择策略。在研究中,参与者只被当成了感知任务的被动接受者,然而现实中的参与者具有强烈的主观意识,不可能只是被动地接受和执行感知任务;同时,参与者的日常活动具有很大的随机性,且参与者携带的不同智能终端设备也装有不同类型和精度的传感器。这导致不同的参与者对同一感知任务的潜在贡献可能有较大差异。因此在群智感知网络中,感知服务平台很难对参与者的感知数据收集行为进行控制或者预测。此外,同一参与者在不同的客观条件下,如携带设备的剩余电量不同,对感知任务的参与意愿也会有一定的差异。因此,为了让感知服务平台最终能获取到更多的感知数据,让更多的智能终端用户接受并加入感知任务,感知服务平台需要根据感知任务的需求和参与者的个人信息(移动轨迹、所携带设备内置传感器的类型等),对参与者的感知动作(需收集感知数据的类型、数量等)进行定制,最终为每一个参与者"推荐"符合其自身特点的感知动作。一个合理的感知动作推荐策略必将会对群智感知的发展产生积极、重要的影响,是维护其生态系统的关键因素之一。

　　参与者选择是群智感知系统里的重要问题,首先,随着智能终端设备内置传感器硬件的飞速发展和智能终端设备的快速普及,雇佣较少的智能终端用户完成复杂的群智感知任务变成了可能;其次,不同的参与者选择方案必然会对群智感知系统的效率造成较大的影响。例如,在群智感知中,感知数据的准确度和感知数据的数量多少是密切相关的[75]。因此,为了提高感知任务的完成度,感知服务平台不得不雇佣尽可能多的参与者来进行感知数据收集。但是,由于感知任务需求的感知数据是关于时间、空间分散的,因此雇用大量位置接近的参与者必然会带来大量的冗余数据,这不但不能帮助感知服务平台提高感知任务的完成度,而且会造成资源浪费,如网络带宽和存储空间等。这就意味着感知服务平台要在参与者选择策略中保证所选的参与者收集到的感知数据尽可能地覆盖整个感知区域,而且还要尽可能覆盖全部的任务时间。针对这种情况,本章介绍了一种在感知任务可以被参与者主观接受的情况下,保证感知任务完成度要求的参与者选择策略。

与目前已有的参与者选择方案不同的是,本章介绍的参与者选择方案的主要目标是在基于多任务的群智感知系统中,在感知任务可以被参与者主观接受或拒绝的情况下,选择最合适的参与者群体为感知任务收集更多、更符合感知任务需求的感知数据,同时减少群智感知系统的整体资源消耗。本章所述方案的主要贡献为以下几点:

(1) 提出一个感知任务的信息质量满足度模型,用来量化和描述收集到的感知数据对群智感知系统中多维度感知数据需求的满足度。

(2) 提出一个参与者采样行为模型,用来量化和描述在参与者了解感知任务会对其所携带设备的正常使用造成一定影响(额外消耗的电量、占用正常工作生活时间)的情况下,参与者所携带智能终端设备剩余电量水平、感知任务工作强度(感知数据收集总量)与参与者对感知任务的主观参与意愿之间的关系。

(3) 提出一个基于参与者采样行为模型的参与者拒绝概率模型,用来计算当感知服务平台根据参与者的感知能力等信息为参与者推荐符合其自身特点的感知动作,即要求参与者收集一定数量的感知数据时,参与者拒绝当前感知任务的概率。

(4) 提出一个基于参与者拒绝概率模型的参与者选择方案,通过参与者对感知任务的拒绝概率来评估参与者对感知任务的潜在贡献,进而完成参与者选择。

最后,我们使用微软亚洲研究院的 GeoLife 真实轨迹数据集进行了多组实验,对本章的算法进行了验证,并得出了如下结论:

(1) 为了通过预估来得到更高的信息质量满足度,可以适当提高预测步数,即让参与者多上传一些自己的历史轨迹信息。

(2) 不能为了获取更高的信息质量满足度而要求参与者收集过多的数据,完全可以通过分析参与者的信息而得到一个最佳数值使得参与者能够提供最多的感知数据。

4.2 系统模型

针对提出的感知动作推荐模型,本章设计了一个基于多任务的群智感知应用场景,并为其指定了一个二维的感知区域$\mathcal{L}$。在该场景中,与第3章类似,群智感知系统包括感知任务发布者、感知服务平台、M 个手持智能终端设备的参与者($\mathcal{M} \overset{\Delta}{=} \{m=1,2,\cdots,M\}$),以及一系列的感知任务($\mathcal{Q} \overset{\Delta}{=} \{q=1,2,\cdots,Q\}$)。

感知任务发布者在发布感知任务 q 时,要将感知数据需求(感知数据的收集时间、区域、数量等)以及任务预算 c_q 提交到感知服务平台。当感知服务平台收到感知任务的相关信息时,会将所有任务的预算汇总到一起,用 c 来表示,再从感知区域内活动的智能终端用户中选择一部分参与者作为数据贡献者来进行感知数据收集。为了能够更好地满足感知任务的要求,本章将感知区域$\mathcal{L}$分成了 L 个子区域,用$\mathcal{L} \overset{\Delta}{=} \{l=1,2,\cdots,L\}$来表示。感知任务 q 对应的感知区域则用$\mathcal{L}_q$($\forall q \in \mathcal{Q}, \mathcal{L}_q \subseteq \mathcal{L}$)来表示。同时,本章也将感知任务需求中的整个感知时间$\mathcal{T}$分成了 T 个时间区间,用$\mathcal{T} \overset{\Delta}{=} \{t=1,2,3,\cdots,T\}$来表示。而感知任务中感知数据的数量需求被平均分配到每个感知区域的子区域以及每个时间区间中,感知任务 q 的每个感知区域中子区域以及每个时间区间所对应的数据数量用 r_{lt}^q 来表示。感知服务平台将基于以上设定进行参与者选择,目标为覆盖每一个 r_{lt}^q。此外,本章也假设感知任务之间在时间等维度上是相互独立的,如图4-1所示。

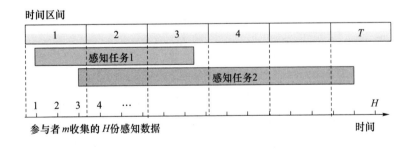

图 4-1 感知任务的时间分割

在感知任务的整个感知时间$\mathcal{T}$内,在一个参与者 m 被选定为数据贡献者后,该参与者需要使用其携带的智能终端设备周期性地对其周边环境参数进行收集,环境参数包括噪声、温度等。为了能更好地进行参与者选择,使用 u_m^q($\forall m \in \mathcal{M}, \forall q \in \mathcal{Q}$)来表示参与者

m 在感知任务 q 中的感知能力(数据收集能力):

$$u_m^q = \begin{cases} 0, & \text{即参与者 } m \text{ 不能为感知任务 } q \text{ 收集数据} \\ 1, & \text{即参与者 } m \text{ 能够为感知任务 } q \text{ 收集数据} \end{cases}$$

同时,本章也假定在进行参与者选择时,感知区域内每个参与者所携带智能终端设备的剩余电量是不一样的,这里将剩余电量用 $e_m(\forall m \in \mathcal{M})$ 来表示。

虽然所有的参与者都处于感知区域内,但他们的移动轨迹是未知的。然而,为了能够准确地选择参与者进行数据收集,感知服务平台需要预测参与者未来的移动轨迹以便评估他们对感知任务的潜在贡献。虽然在提出的模型中仅假设参与者 m 的初始位置是已知的(参与者上传,用 $p_m(0)$ 来表示),但在一个已知的感知区域内,可以通过历史轨迹信息,对参与者未来的轨迹进行预测。轨迹预测过程主要包含两个步骤:

步骤 1 通过历史轨迹信息对轨迹预测模型进行训练。

步骤 2 将轨迹预测模型和参与者的初始位置作为输入,计算得出参与者未来的轨迹信息。

为了能更好地进行参与者未来轨迹的预测,本章使用了基于 k 阶马尔可夫链的轨迹预测模型[206]。使用 $\boldsymbol{P}(n)$ 表示参与者轨迹预测模型的 n 阶转移概率矩阵,并用 $p_{l_1 l_2}$ 表示参与者从子区域 l_i 移动到 l_j 的概率。然后,根据参与者的历史轨迹信息计算移动概率,如当参与者从子区域 l_i 移动到 l_j 的次数为 N_{ij} 时,$p_{l_1 l_2}$ 的计算方法如下所示:

$$p_{l_1 l_2} = \frac{N_{ij}}{\sum\limits_{j=1}^{n} N_{ij}} \tag{4-1}$$

对所有子区域都进行计算后,一步转移概率矩阵就可以表示为

$$\boldsymbol{P} = \begin{bmatrix} p_{11} & p_{12} & \cdots & p_{1L} \\ p_{21} & p_{22} & \cdots & p_{2L} \\ \vdots & \vdots & & \vdots \\ p_{L1} & p_{L2} & \cdots & p_{LL} \end{bmatrix} \tag{4-2}$$

然后,就可以通过迭代的方式来计算 n 步转移概率矩阵了,用 $\boldsymbol{P}(n) = \boldsymbol{P}^n$ 来表示。在提出的模型中,使用参与者最后的 k 个位置和 k 步转移概率矩阵($\boldsymbol{P}(k)$)来预测参与者未来的轨迹。根据 k 阶马尔可夫链的特点,时间越近的位置对未来位置的影响越大,因此参与者未来轨迹点的计算方法为加权算法:

$$\boldsymbol{x}(i+1) = \sum_{j=i-k}^{i} a_j \boldsymbol{x}(i-j+1) \boldsymbol{P}^j \tag{4-3}$$

其中，$x(i+1)$ 表示参与者下一个位置的概率矩阵，a_j 表示权重，且 $a_1 > a_2 > \cdots > a_k$。通过以上方法即可计算参与者从当前位置移动到感知区域内所有子区域的概率，其中概率最高的子区域将被认为是参与者的下一个位置。通过不断地迭代计算，最终得到参与者在感知区域内的整条移动轨迹。

4.3　基于能耗的感知动作推荐模型

为了能更好地评估感知任务的完成情况，本章提出了"信息质量满足度"来描述与已收集的感知数据对应的感知任务完成程度。同时，本章也研究了参与者对感知任务的拒绝概率与其所携带智能终端设备的剩余电量、感知数据收集总量之间的关系，建立了一个新型的群智感知中的感知动作推荐模型。

4.3.1　信息质量满足度指数

"信息质量满足度"概念用于描述感知任务需求的被满足情况。通常情况下感知任务的需求主要包含两部分：感知数据的需求数量和其在时间、空间上的分布。因此，"信息质量满足度"需要充分体现这两部分需求的特点。当参与者收集的感知数据能够满足感知任务需求中的数量要求时，将感知数据的需求根据时间和空间两个维度进行分割，如果参与者所收集到的感知数据能够覆盖分割后的每个"子需求"，那么就认为感知任务需求中的数据分布要求也得到了满足。与第 3 章相比，本章中的"信息质量满足度"进行了适度的简化。

在提出的应用场景中，感知服务平台在全部参与者中选出一部分参与者（用 $\mathcal{X}$ 表示）来进行数据收集工作。本章使用 $o_{lt}^q(\mathcal{X})$ 来表示被选择的参与者群体 $\mathcal{X}$ 在感知区域中的子区域 l 及时间区间 t 里为感知任务 q 收集的感知数据数量。$o_{lt}^q(\mathcal{X})$ 的初始值被设置为 0，每当在子区域 l 及时间区间 t 内有参与者收集到一份新的感知数据，如果 $o_{lt}^q(\mathcal{X})$ 的值还没有达到感知任务 q 在子区域 l 及时间区间 t 里的数据数量要求 r_{lt}^q，那么 $o_{lt}^q(\mathcal{X})$ 的值将会加 1；如果已经达到了数据数量要求 r_{lt}^q，那么 $o_{lt}^q(\mathcal{X})$ 的值将不会再发生变化。

同时，本章指定了两个矩阵，其中矩阵 r^q 用来表示感知任务 q 的感知数据需求：

$$\boldsymbol{r}^q = \begin{bmatrix} r^q_{11} & r^q_{12} & \cdots & r^q_{1T} \\ r^q_{21} & r^q_{22} & \cdots & r^q_{2T} \\ \vdots & \vdots & & \vdots \\ r^q_{L1} & r^q_{L2} & \cdots & r^q_{LT} \end{bmatrix}, \quad \forall\, q \in \mathcal{Q} \tag{4-4}$$

矩阵 $\boldsymbol{o}(\mathcal{X})^q$ 用来表示被选择的参与者群体 $\mathcal{X}$ 所收集到的感知数据：

$$\boldsymbol{o}^q(\mathcal{X}) = \begin{bmatrix} o^q_{11}(\mathcal{X}) & o^q_{12}(\mathcal{X}) & \cdots & o^q_{1T}(\mathcal{X}) \\ o^q_{21}(\mathcal{X}) & o^q_{22}(\mathcal{X}) & \cdots & o^q_{2T}(\mathcal{X}) \\ \vdots & \vdots & & \vdots \\ o^q_{L1}(\mathcal{X}) & o^q_{L2}(\mathcal{X}) & \cdots & o^q_{LT}(\mathcal{X}) \end{bmatrix}, \quad \forall\, q \in \mathcal{Q} \tag{4-5}$$

对于任意的子区域 l 及时间区间 t，被选参与者群体收集的感知数据总量（群体内所有被选择的参与者收集的感知数据数量之和）为

$$o^q_{lt}(\mathcal{X}) = o^q_{lt}\Big(\sum_{\forall m \in \mathcal{X}} m\Big), \quad \forall\, q \in \mathcal{Q} \tag{4-6}$$

为了满足感知任务的多元信息质量满足度要求，指定的子区域 l 及时间区间 t 所对应的信息质量满足度计算方法如下：

$$s^q_{lt} = \min\Big(1, \frac{o^q_{lt}}{r^q_{lt}}\Big) \in [0,1], \quad \forall\, q \in \mathcal{Q} \tag{4-7}$$

感知任务 q 的信息质量满足度即为所有子区域及时间区间的信息质量满足度的平均值：

$$s^q(\mathcal{X}) = \frac{\sum\limits_{\forall\, l \in L_q,\, \forall\, t \in \mathcal{T}_q} s^q_{lt}}{L_q \cdot T_q}, \quad \forall\, q \in \mathcal{Q}, \mathcal{X} \subseteq \mathcal{M} \tag{4-8}$$

其中，$s^q(\mathcal{X})$ 为感知任务 q 的信息质量满足度指数，取值范围为 0 到 1。信息质量满足度 $s^q(\mathcal{X})$ 的值为 0 时表示没有为感知任务 q 收集任何的感知数据，值为 1 时表示感知任务 q 在每个子区域、每个时间区间内所需的数据已经被完全满足。如果被收集的感知数据数量矩阵 $\boldsymbol{o}^q(\mathcal{X})$ 没有满足感知任务需求矩阵 $\boldsymbol{r}^q$，则意味着感知服务平台还需要选择更多的参与者来进行感知数据收集工作。这里，假定感知任务发布者也会提出一个最小的信息质量满足度要求，用 $h^q(\forall\, q \in \mathcal{Q})$ 来表示，其默认值被设定为 1，即感知任务需求被完全满足。

4.3.2　基于能耗的感知动作推荐模型描述

感知动作推荐模型的制订需要参考感知数据收集对参与者正常活动带来的影响，如

频繁的感知数据收集所带来的设备电量损耗等。为此,本章首先研究了参与者所携带终端设备的初始电量、被推荐的感知动作,以及参与者对感知任务的拒绝概率等因素之间的潜在关系。

本章用 b_m $(\forall m \in \mathcal{M}, \forall q \in \mathcal{Q})$ 来表示感知服务平台为参与者 m 推送的感知动作。感知动作的计算基于参与者所携带终端设备的初始电量以及参与者的初始位置。感知动作 b_m 的值较低,表示当参与者 m 所携带终端设备的初始电量较低时,感知服务平台会为该参与者推荐一个工作量较小的感知动作(收集较少的感知数据),以使该参与者更容易接受被推送的感知任务。相反地,如果参与者 m 所携带终端设备的初始电量较高,感知服务平台则会为该参与者推荐一个工作量较大的感知动作(收集较多的感知数据)。通过这样的方式,参与者接受感知任务的概率会大大提高,感知服务平台也会因此收集到更多的感知数据。因此,感知服务平台为参与者 m 所推荐的感知动作 b_m 和该参与者所携带终端设备的初始电量 e_m 之间存在一定的关系,即 $b_m = y(e_m)$。

为了能够确定函数 $y(\cdot)$,本章做了一个在线调查。在线调查的题目是"当你的设备剩余电量分别是 10%,20%,…,100% 时,你最多可以接受多少次环境数据收集工作?"。每个答题的志愿者可以在每个设备剩余电量后面选择环境数据收集次数(从 0 到 100)。由于感知服务平台通常不能获得参与者的详细个人信息,因此也没有对答题的志愿者进行过多的限制。最终,该调查共收到了 130 多份答卷。为了能够让数据更有说服力,可以考虑使用 Amazon 的 Mechanical Turk 等工具或手段来获取更多的数据。本次在线调查的结果如图 4-2 所示,其中使用均方差来表示数据的上下界。

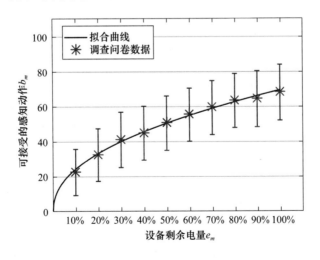

图 4-2　通过在线问卷调查数据获得的参数拟合结果

通过对各个剩余电量值(10％,20％,…,100％)对应的平均数据进行拟合,将 y 进行形式化:

$$b_m \overset{\Delta}{=\!=} \alpha\,(e_m)^\beta, \quad \forall\,m\in\mathcal{M} \tag{4-9}$$

通过 MATLAB 对参数 α、β 进行拟合,得到的具体数值为 $\alpha=8.179$, $\beta=0.4633$,且拟合度为 0.9951。使用这些参数进行进一步的建模和实验时,对于不同的群智感知应用场景,参数 α、β 的值可能会存在一定的差异,但具体数值可以通过上述方法获得。

通过在线问卷调查获得的结果可以作为一个感知动作推荐的方案,但是通过统计的结果可以发现,如果感知服务平台给携带相同剩余电量终端设备的参与者推送相同的感知动作,那么必然会有一些参与者受设备电量影响而拒绝感知任务。如果拒绝感知任务的参与者出现在较为繁华的区域(参与者较多),那么也许对感知任务的影响不大;如果参与者出现在一些偏僻的地方(参与者较少),那么该参与者将会对感知任务带来较大的影响。因此,感知服务平台应该尽可能地减少这些参与者的数据收集量,以降低其拒绝感知任务的概率。此外,如果在某些区域同时出现大量的参与者,感知服务平台可以向该区域内所有参与者推荐工作量较大的感知动作,即使有较多的参与者拒绝了感知任务,但是那些接受了感知任务的参与者仍然可以收集较多的感知数据,而且不会向感知服务平台索要更多的激励。因此,虽然感知服务平台面临着参与者拒绝感知任务概率较高的风险,但可以通过较少的参与者来完成该区域内的感知数据收集工作,从而有效地降低感知数据收集成本。

本章使用 j_m $(\forall\,m\in\mathcal{M})$ 来表示参与者 m 对感知任务 q 的拒绝概率,该拒绝概率受参与者所携带终端设备的剩余电量和其被推荐的感知动作的影响。通过在线调查的结果,可以确定感知任务拒绝概率、参与者所携带终端设备的剩余电量和其被推荐的感知动作三者之间的映射关系:$f:\mathbb{R}^2\rightarrow\mathbb{R}$,如图 4-3 所示。不难发现该映射关系可以通过一个三元函数来表示。通过参数拟合,可以发现拟合度高达 0.9837。图 4-3 中的拟合曲面表示当参与者所携带终端设备的剩余电量和其被推荐的感知动作确定时,感知任务拒绝概率的值;黑点表示在线调查的结果。显而易见的是,感知任务拒绝概率随着参与者所携带终端设备的剩余电量增大而减小,随着参与者被推荐感知动作的增大而增大。

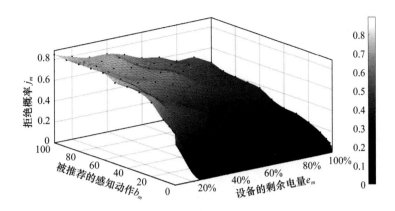

图 4-3　通过在线调查数据获得的参数映射关系

4.4　基于参与者意愿的参与者选择策略

本节定义和分析了参与者选择策略对应的带约束条件的最优化问题,并给出了低复杂度的次优解决方案。

4.4.1　最优化问题定义

参与者选择策略的目标是找到一个最优的参与者集合来收集满足感知任务需求的感知数据。假定要从全部的参与者群体 $\mathcal{M}$ 中选出一部分参与者 $\mathcal{X}$ 来进行感知数据收集,那么优化目标就是最大化感知任务的信息质量满足度,但参与者的激励需求要在感知任务的预算限制之内,因此最优化问题可以设定为

$$
\max: \quad s^q(\mathcal{X}) = \frac{\displaystyle\sum_{\forall l \in L_q, t \in T_q} s_{lt}^q}{L_q \cdot T_q}, \quad \forall q \in \mathcal{Q}
$$

$$
\text{s.t.}: \quad \sum_{\forall m \in \mathcal{X}} i_m \leqslant c, \quad \mathcal{X} \subseteq \mathcal{M}
$$

(4-10)

其中, $s^q(\mathcal{X})$ 表示被选择的参与者群体 $\mathcal{X}$ 在感知任务周期内在全部感知区域内收集到的感知数据达到的感知任务的信息质量满足度, i_m 表示参与者 m 的激励需求, c 表示感知服务平台所有感知任务的预算总和。

4.4.2 最优化问题解决方案

最优化问题〔公式(4-10)〕类似于背包问题,即在一个线性约束条件下最大化优化目标问题。例如,有一批个体不同的货物,每个的价值、质量都不同,现在要求在固定的总重量范围内,选出总价值最大的货物。背包问题对应的最优化问题可以表示为

$$
\begin{aligned}
\max &: \quad f(x) \\
\text{s. t.} &: \quad m(x) \leqslant p
\end{aligned}
\tag{4-11}
$$

背包问题是一个 NP 完全问题,想要获得最优化问题的最优解,其复杂度已经超过了实际使用范围,因此需要一个高效的次优解决方案。

贪婪算法是决背包问题的一个有效方案,但是简单的贪婪算法难以满足参与者选择算法的需求。因此,为了解决当前的最优化问题,本章介绍了一种基于权重的混合迭代方式的贪婪算法,通过指定感知任务的权重来简化问题,从而求解。感知任务 q 对应的权重使用 ω^q 来表示,其算法如下所示:

$$
\omega^q = \frac{1 - s^q}{\sum_{\forall q \in \mathcal{Q}} (1 - s^q)}, \quad \forall q \in \mathcal{Q}
\tag{4-12}
$$

参与者选择的最终目标是最大化所有感知任务的信息质量满足度,而感知任务需求中感知区域的差异,以及全部感知区域内参与者分布、流动的差异,会造成不同感知任务完成情况的差异。为了减少这一差异,本章提出的算法使用感知任务的信息质量满足度欠缺值 $(1 - s^q)$ 在全部任务信息质量满足度欠缺值中所占的比例来计算感知任务的权重,以在参与者选择过程中平衡不同感知任务的完成程度。

参与者选择的过程如下。

步骤 1:计算所有参与者对每一个任务的潜在贡献。

步骤 2:选取潜在贡献最高的参与者作为本轮被选参与者。

步骤 3:在当前需求中扣除本轮被选参与者的潜在贡献数据,获得新的数据需求。

步骤 4:重复步骤 1 到 3,直到所有任务的需求都被满足,或任务预算耗尽、所有参与者的潜在贡献都为 0。

步骤 5:输出每轮被选参与者的集合,作为最终的被选参与者群体。

通过这样的迭代,参与者选择算法将会在每一轮中选出效能最高的参与者。在每一轮计算中,参与者 m 的效能通过以下方式计算:

$$\theta(m, \mathcal{X}') = \frac{1 - j_m}{i_m} \cdot \sum_{\forall q \in \mathcal{Q}} \omega^q (s^q(\mathcal{X}' + m) - s^q(\mathcal{X}')), \quad \forall m \in \mathcal{M} \quad (4\text{-}13)$$

其中,截至上一轮迭代所有被选参与者的集合用$\mathcal{X}'$来表示,在本轮选举中参与者m的效能用$\theta(m, \mathcal{X}')$来表示,即同一个参与者在每一轮选举中的效能都可能是不一样的。j_m表示在 4.3.2 节中被讨论的参与者m对当前感知任务的拒绝概率,i_m表示参与者m的激励需求。

当感知服务平台推荐参与者m收集数量为b_m的感知数据时,感知服务平台将在参与者选择中的每一轮都计算该参与者的效能$\theta(m, \mathcal{X}')$。但是,参与者的效能$\theta(m, \mathcal{X}')$会随着b_m值的变化而变化。显而易见的是,随着b_m的增大,参与者收集到的感知数据数量和其对感知任务的拒绝度都会提升,因此,必然存在一个较为合适的b_m值,使得参与者的效能$\theta(m, \mathcal{X}')$可以达到最大值。即,在参与者选择过程中的每一轮,都需要计算参与者的最大效能,即

$$\theta'(m, \mathcal{X}') = \max(\theta(m, \mathcal{X}')), \quad \forall m \in \mathcal{M}, \forall b_m > 0 \quad (4\text{-}14)$$

在参与者选择过程中,计算所有被选参与者效能$\theta'(m, \mathcal{X}')$的同时,b_m将会被保存,并在参与者选择结束后,发送给对应的参与者。

依据次模函数(submodular functions)的定义,在参与者选择过程中,随着迭代次数的增加,每个参与者对感知任务的信息质量满足度贡献都会不断衰减:$\forall \mathcal{X}_1, \mathcal{X}_1 \subset \mathcal{M}$,$\forall m \in \mathcal{M}$,给定$\mathcal{X}_1 \subset \mathcal{X}_2, m \notin \mathcal{X}_1, m \notin \mathcal{X}_2$,得到$\theta(m, \mathcal{X}'_2) \leqslant \theta(m, \mathcal{X}'_1)$。也就是说,如果使用迭代方式的参与者选择策略,一个参与者加入一个较小的参与者群体$\mathcal{X}_1$时,该较小的参与者群体获得的信息质量满足度大于该参与者加入一个较大的参与者群体$\mathcal{X}_2$时,较大的参与者群体获得的信息质量满足度。这也就意味着随着迭代次数的增加,通过补充参与者而带来的单位信息质量满足度的代价将会越来越大,如图 4-4 所示。

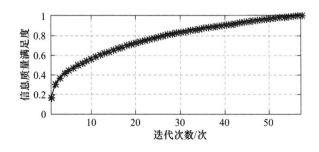

图 4-4　迭代次数与信息质量满足度之间的关系

本章提出的动态参与者选择策略将会在参与者选择过程中以迭代的方式进行,其细节描述如下:

（1）初始化：在感知任务开始前准备进行参与者选择。在初始阶段，参与者群体被分成两部分，即被选择参与者群体$\mathcal{A}$（默认为空集）和未被选择参与者群体$\mathcal{B}$（默认为所有参与者的集合）。

（2）选择：在未被选择参与者群体$\mathcal{B}$中，根据公式（4-13）计算所有参与者的效能，找到效能最高的参与者并将其移动到被选择参与者群体$\mathcal{A}$中，更新感知任务需求。

（3）迭代：不断执行步骤（2），直到感知任务预算耗尽（剩余预算不够用于任何其他的参与者），或所有感知任务的信息质量满足度需求都得到满足，或剩余参与者的效能全为0。

算法：最优化问题的解决方案

输入：感知服务平台中的感知任务集合Q；

所有感知任务的预算总和c；当前剩余的任务预算c_{left}；

感知任务q的感知区域和感知时间L_q，T_q；

感知任务对应的信息质量满足度要求h^q

所有参与者群体$\mathcal{M}$；

参与者m的激励需求c_m；参与者m的感知能力s_m^q；

参与者m的初始位置$E_m(0)$；

感知数据收集的时间区间Δt；

根据历史数据计算的参与者转移矩阵P。

输出：被选择的参与者群体$\mathcal{A}$。

1：初始被选择的参与者群体$\mathcal{A}=\text{NULL}$；初始未被选择的参与者群体$\mathcal{B}=\mathcal{M}$；

2：未被选择的参与者排序$\mathcal{B}$；

3：**while 1 do**

4：　　　flag ← 0；qoiflag ← 0；

5：　　　selected_id ← 0；max_efficiency ← 0；

6：　　　**for** 参与者$m \in \mathcal{B}$ **do**

7：　　　　　计算参与者m的贡献$\theta'(m, \mathcal{A})$；

8：　　　　　**if** $\theta'(m, \mathcal{A}) >$ max_efficiency **then**

9：　　　　　　　selected_id ← m；max_efficiency ← $\theta(m)$；flag ← 1；

10：　　　　　**end if**

11：　　　**end for**

12： **if** flag $= 0$ or selected_id $= 0$ or $c_m \geqslant c_{\text{left}}$ **then**

13： break；

14： **end if**

15： $\mathcal{A} \leftarrow \mathcal{A} + \text{selected\_id}$；$\mathcal{B} \leftarrow \mathcal{B} - \text{selected\_id}$；

16： **for** 感知任务 $q \in \mathcal{Q}$ **do**

17： **if** $s^q(\mathcal{X}) < h^q$ **then**

18： qoiflag $\leftarrow 1$；

19： **end if**

20： **end for**

21： **if** qoiflag $= 0$ **then**

22： break；

23： **end if**

24： **end while**

25：返回：最终被选择参与者群体 $\mathcal{A}$。

4.5 实验设计与结果分析

4.5.1 实验设计

本章使用微软亚洲研究院的 GeoLife[213] 真实轨迹数据集验证了本章提出的算法。GeoLife 项目收集了 182 位志愿者 3 年的轨迹信息。数据集中的每条轨迹包含若干个根据时间排序的 GPS 点,相邻 GPS 点间的时间间隔为 5 秒,每个 GPS 点都有其对应的时间和经纬度。

实验对该数据集的处理和其他参数的设置如下:

(1) 数据集中的轨迹点散布在北京的不同区域内,涉及过大面积且大部分地区内轨迹点分布非常稀疏,为了方便进行实验,本章需要选取一块轨迹信息较为密集的区域。首先将所有轨迹数据存到数据库里,然后在微软亚洲研究院大楼附近找到一块 200 m × 500 m 的轨迹点较为密集的区域作为实验的感知区域,如图 4-5 (a)所示。

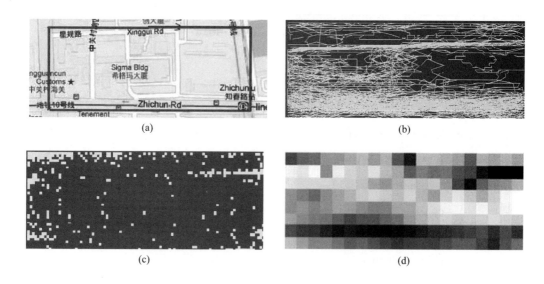

图 4-5　北京内某区域中的 612 条真实移动轨迹

（2）本章将选取的区域分成了 8×20 个 $25\,\text{m} \times 25\,\text{m}$ 的子区域，对应系统模型里的子区域个数为 160，即 $|\mathcal{L}^q| = 160\,(\forall q \in Q)$。同时，也为群智感知系统设定了两个感知任务，即 $Q = 2$，且每个感知任务都对应不同的感知区域、不同的任务时间，在每个子区域内也有不同的感知数据量需求。其中，在任务 q_1 中，每个子区域和时间区间内的数据需求被设置为 100，即 $r_{lt}^q = 100\,(\forall l \in \mathcal{L}, t \in \mathcal{T})$，任务对应的感知区域包含 20 个子区域，即 $L_{q_1} = 20$。对于任务 q_2，这两个值分别被设置为 80 和 30。

（3）所选区域内的 612 条轨迹在实验中被认为是 612 个参与者，即 $|\mathcal{M}| = 612$。由于轨迹对应的时间过于分散，因此在实验中去掉了轨迹内的时间标签，只保留轨迹内 GPS 点的时间顺序。对于每一个参与者，由于 GPS 的精度大概是 5 m，因此实验使用子区域的标记代替 GPS 坐标。同时，实验将每条轨迹内时间最早的 GPS 点作为参与者的初始位置。图 4-5(b)展示了全部轨迹，图 4-5(c)展示了全部轨迹的初始位置。此外，实验将每个参与者所携带设备的剩余电量设置为 10% 到 100% 中的一个随机值。

（4）为了计算参与者的移动转移矩阵 $P(\Delta t)$，实验先分析了全部轨迹在所有子区域间内的移动情况，如图 4-5(d)所示。图中的每一个方块代表一个子区域，即 $l(\forall l \in \mathcal{L})$，灰度值表示一个参与者从任意初始位置到该子区域的所有概率之和。它也可以被认为是一个参与者在该子区域内停留时间的平均值。

（5）所有的实验都以不同的参数进行了至少 100 次，而和随机算法相关的实验被进行了至少 1 000 次，并使用结果的平均值作为最终结果。

本章给出了一个计算感知任务信息质量满足度的例子。在例子中,感知区域被分成了 2 个子区域,一个感知任务在 2 个时间区间内需要 28 份感知数据,但被选择参与者群体 $\mathcal{X}$ 上传了 34 份感知数据。其中,每个时间区间、子区域内的具体感知数据需求如下所示:

$$\boldsymbol{r}^q = \begin{pmatrix} 7 & 5 \\ 9 & 7 \end{pmatrix} \tag{4-15}$$

参与者上传的感知数据详情如下所示:

$$\boldsymbol{o}^q(\mathcal{X}) = \begin{pmatrix} 8 & 2 \\ 19 & 5 \end{pmatrix} \tag{4-16}$$

于是,基于以上信息,该感知任务最终获得的信息质量满足度为

$$s^q(\mathcal{X}) = \frac{\left(\min\left(\frac{8}{7}, 1\right) + \min\left(\frac{2}{5}, 1\right) + \min\left(\frac{19}{9}, 1\right) + \min\left(\frac{5}{7}, 1\right) \right)}{4}$$
$$= 0.778\,6 \tag{4-17}$$

4.5.2　结果分析

在参与者选择过程中,基站和参与者(智能终端设备)之间交互的信息仅限于设备剩余电量和参与者的激励需求,并不包含实际的感知数据,而且这些信息都仅仅传递一次。一般情况下,本章认为分别使用 32 bit/s 传递设备剩余电量以及参与者的激励需求就可以满足需求,因此这些信息并不会消耗大量的网络带宽。除以上信息外,参与者的任何资料都不会被上传到感知服务平台,因此参与者可以不必顾虑自己的隐私安全。

本章进行了一系列用来评估提出的参与者选择算法效率的实验。

(1)验证了预测步数的影响。预测步数在 4.2 节被讨论过,它被用来计算参与者在感知区域内从不同的子区域内移动的概率。当感知任务的信息质量满足度需求 h^q 在 0.7 时,预测步数至少要达到 5 步,如图 4-6 所示;而当 h^q 在 1.0 时,预测步数至少要达到 13 步,如图 4-7 所示。当信息质量满足度需求 h^q 从 0.7 提升到 1.0 时,从图 4-6 和图 4-7 可以观察到,随着预测步数的增多,预测得到的信息质量满足度会快速提升。然而,当感知任务的信息质量满足度需求被满足时,就不需要再增加预测步数了。因此,当感知任务

的信息质量满足度要求确定时,感知服务平台可以自行设定预测步数,以提高系统的效率。

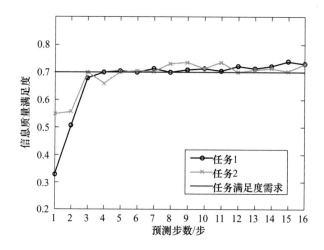

图 4-6   不同预测步数下的信息质量满足度(需求为 0.7 时,可以通过预测得到信息质量满足度)

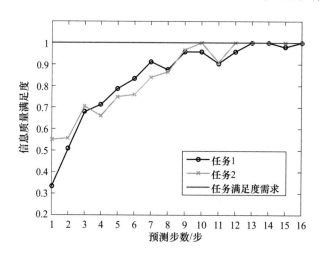

图 4-7   不同预测步数下的信息质量满足度(需求为 1 时,可以通过预测得到的信息质量满足度)

　　(2) 验证了感知任务中感知数据需求量对其他因素的影响。由于参与者对感知任务的平均参与意愿具有一定的随机性,即一些参与者可以接受更繁重的任务(收集较多的感知数据),而有些参与者却只接受较为轻松的任务(收集很少的感知数据),因此本章调查了被推荐的感知数据需求量对信息质量满足度的影响,结果如图 4-8 所示。可以观察到,当参与者被推荐的感知数据需求量还不是很多的时候(大部分参与者都愿意接受),随着该数值的增加,信息质量满足度也呈增长趋势。而随着参与者被推荐的感知数据需求量的持续增加,越来越多的参与者开始选择拒绝任务,因此信息质量满足度开始呈现下降的趋势。

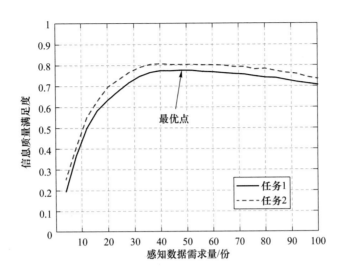

图 4-8 感知数据需求量的变化对信息质量满足度的影响

图 4-9 显示了感知数据需求量对被选择的参与者数量的影响。当感知数据需求量很小时,由于每个参与者收集的感知数据量太少,因此感知服务平台需要选择大量的参与者才能完成感知任务。而随着感知数据需求量增加,虽然参与者对感知任务的拒绝概率在不断提高,但在感知数据需求量还不是太高的情况下,每个参与者收集感知数据的增量要远远高于拒绝概率的作用,因此被选择的参与者总数会慢慢减小。但显而易见的是,随着感知数据需求量的不断增加,在参与者收集感知数据的增量低于拒绝概率的作用后,被选择的参与者总数会再次呈现上升趋势。因此,系统内必然存在一个最优点,即当感知数据需求量与任务需求、个人可接受程度相平衡时,会有一个最佳的数值使得被选择的参与者数量最少。

图 4-10 显示了感知数据需求量对被选择的参与者设备平均剩余电量的影响。随着感知数据需求量的增加,可以发现其数值在 50 左右时,被选择的参与者设备平均剩余电量的数值出现了一次跳跃式的增长。而之前的两个实验并没有出现这种突变。通过与之前的实验进行比较,可以发现,感知数据需求量等于 50 正好也是实验结果中的一个拐点。当感知数据需求量低于 50 时,最终获得的信息质量满足度在增加,而被选择的参与者数量在减少;但当其数值高于 50 时,上述两个数据的变化趋势都出现了转折。因此,可以判断,当感知数据需求量高于 50 时,大量携带较低剩余电量设备的参与者拒绝了感知任务,从而导致了该结果的出现。

(3) 评估了基于拒绝概率的参与者选择策略。该系列的实验将感知数据需求量被设

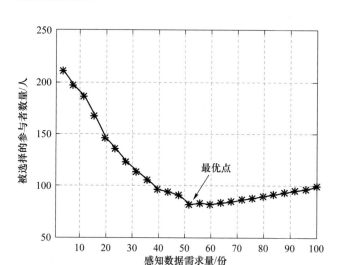

图 4-9 感知数据需求量的变化对被选择的参与者数量的影响

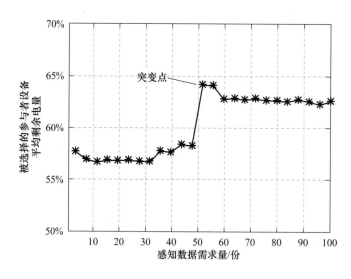

图 4-10 感知数据需求量的变化对被选择的参与者设备平均剩余电量的影响

定为从 10 到 100 的 10 个梯度。通过 3 个指标来验证本章提出的算法:所有任务获得的平均信息质量满足度、引入拒绝概率后感知任务信息质量满足度的落差,以及每个参与者能够提供的感知任务信息质量满足度增量。同时,将本章提出的算法与其他 3 种方法进行比较,图 4-11 中的 4 个方法分别表示为本章提出的算法且不引入拒绝概率(proposed,before rejection)、本章提出的算法且引入拒绝概率(proposed,after rejection)、不考虑拒绝概率的算法且不引入拒绝概率(w/o considering user rejection,before rejection 以及不考虑拒绝概率的算法且引入拒绝概率(w/o considering user rejection，after rejection）。所有的实验都以不同的参数进行了 100 次，并使用结果的平均值作为最终结果。

如图 4-11 所示，不难观察到如果不引入拒绝概率，感知服务平台可以获得很高的平均信息质量满足度。但是当引入拒绝概率，即考虑参与者可能会拒绝感知任务时，感知服务平台可以获得的平均信息质量满足度相比于其他情况是最低的。也可以观察到，虽然本章提出的算法不能够获得最高的平均信息质量满足度，但是在引入拒绝概率后，获得的平均信息质量满足度落差非常小。通过以上对比，可以得知，考虑人们的主观意愿在群智感知中是非常重要的。例如，当感知数据需求量为 100 份时，在引入拒绝概率后，本章提出的算法可以获取的平均信息质量满足度比不考虑拒绝概率的算法高 43.75%。因此，只有考虑参与者可能拒绝任务这一基本情况，才可以预测出最真实的平均信息质量满足度，从而制订出更好的参与者选择策略。

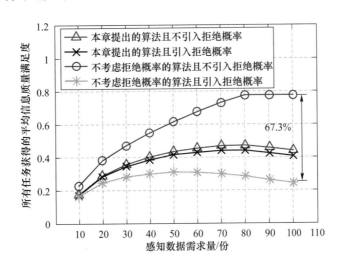

图 4-11　感知数据需求量对所有任务获得的平均信息质量满足度的影响

（4）通过计算引入拒绝概率前、后各算法获得的信息质量满足度来对比信息质量满足度落差情况。如图 4-12 所示，无论感知数据需求量怎么变化，本章提出的算法可能带来的信息质量满足度落差一直都小于 6.8%（感知数据需求量为 100 份时），最小值仅 0.45%（感知数据需求量为 10 份时），即在计算信息质量满足度时几乎没有出现差别。而作为对比，不考虑拒绝概率的算法计算出的信息质量满足度落差一直都大于 25.5%，最大值高达 67.3%，即随着感知数据需求量的增大，数值增长了 41.8%。因此本章提出的算法显示了更高的可靠性和稳定性。

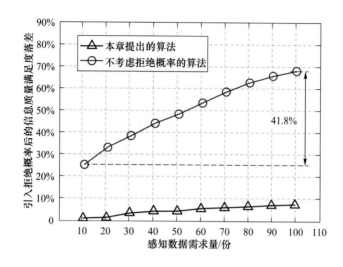

图 4-12　感知数据需求量对引入拒绝概率后的信息质量满足度落差的影响

（5）通过检验参与者总数可能造成的影响，比较了本章提出的方法和其他两种基准算法，如图 4-13 和图 4-14 所示。其中，随机选择法是指感知服务平台不会考虑参与者之间的差异，而是随机选择参与者来完成任务，具体方法为逐一随机选择，选择过程一直持续到感知任务信息质量满足度达到感知任务需求、预算耗尽或所有的参与者都被选择时结束；同等采样法是指参与者被推荐相同数量的感知数据需求量，参与者选择采取和本章提出的算法相同的贪婪算法，选择过程一直持续到感知任务信息质量满足度达到感知任务需求、预算耗尽或所有的参与者都被选择后结束。本章针对同等采样法进行了 10 组实验，将感知数据需求量分别设置为 10 到 100 份，并使用其中最好的结果（感知数据需求量为 50 份）与其他算法进行比较。

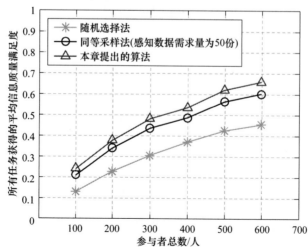

图 4-13　参与者总数对所有任务获得的平均信息质量满足度的影响

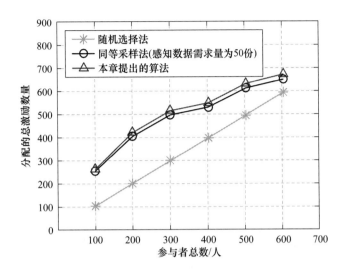

图 4-14　参与者总数对分配的总激励数量的影响

在实验中,本章设定了 6 组总数不同的参与者,范围从 100 人到 600 人。其中,包括参与者总数对感知服务平台最终获取的感知任务信息质量满足度的影响。显而易见的是,如果参与者不能完全满足感知任务的信息质量满足度要求,随着参与者总数增多,获得的信息质量满足度必然会增加,但增加的速度也不会不断放缓。实验结果显示,在感知数据需求量为 100 份时,本章提出的算法获得的信息质量满足度要比随机选择法高出 15%,也一直高于同等采样法。而且,本章提出的算法分配的总激励数量和同等采样法接近。这也从一定程度上显示了本章提出的算法的优势。

(6)检验了任务预算可能造成的影响。如图 4-15 所示,随着任务预算的增长,感知服务平台最终获得的平均信息质量满足度一直增长。在实验中,本章提出的算法获得的平均信息质量满足度一直比其他的算法高,其中当感知数据需求量为 100 份时,本章提出的算法比同等采样法高 16%,比随机选择法高 126.5%。在有足够的预算情况下,获得的平均信息质量满足度就会达到最高值,如图 4-15 中标出来的饱和点(saturation point)。在实验中,即使任务预算达到饱和点,本章提出的算法获得的平均信息质量满足度也比其他的算法都高。

当任务预算达到饱和点后,本章提出的算法和同等采样法中被选择的参与者数量就不再增长了,如图 4-16 所示。本章提出的算法所选择的参与者数量比同等采样法大一些,综合上述结果不难看出,本章提出的算法比其他算法更加高效。即使在任务预算达到饱和点以后,与同等采样法相比,本章提出的算法在被选择的参与者数量相同的情况

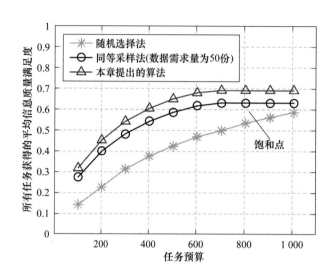

图 4-15 任务预算对所有任务获得的平均信息质量满足度的影响

下能够获得更高的信息质量满足度。此外,随机选择法在任务预算充足的情况下,相比于其他算法会选择更多的冗余参与者,从而造成所选参与者总数超过其他的算法。

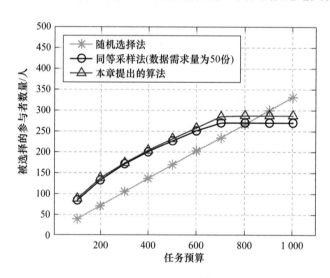

图 4-16 任务预算对被选择的参与者数量的影响

第 5 章

基于协作的参与者隐私保护

5.1 引　言

前两章分析了基于多任务的群智感知任务调度和参与者的主观数据收集行为特点,从感知任务和参与者两个角度入手解决如何提高信息质量满足度这一问题。虽然提出的参与者选择策略等方法可以在限定条件下满足感知任务的需求,但是感知任务调度和感知动作推荐都是从感知服务平台的角度出发,希望通过这些方法提高参与者对感知任务的参与意愿,进而收集更多符合感知任务需求的感知数据。然而在感知任务的执行过程中,参与者也应该有更多的权益和要求,如激励和个人隐私信息安全等。

群智感知是物联网和大数据应用的一个重要数据来源,感知服务平台通过雇佣普通民众为上层应用收集其所必需的、带有位置信息的感知数据。为了提高收集数据的信息质量,更好地满足感知任务需求,感知服务平台通常都会对感知能力不同的参与者进行协调、发放任务激励等,以提高参与者对感知任务的参与意愿。在目前的一些研究工作中,参与者选择策略往往需要参与者上传一些个人信息,如自己的位置、历史轨迹等,这势必会造成参与者个人隐私信息的泄露。虽然有一些研究工作使用了第三方可信服务器等方法保护参与者的个人隐私信息安全,但对于参与者而言,只要上传个人信息到一个固定的地方,就必然会产生一定的安全隐患,而且不具备专业知识的参与者可能无法分辨第三方可信服务器与感知服务平台安全性的高低。同时,随着人们对个人隐私信息保护意识的不断提高,个人隐私泄露风险必然会降低他们对感知任务的参与意愿。因此,感知服务平台需要使用一定的隐私保护策略,才能进一步减少参与者对隐私泄露风险的顾虑,进而提高参与者对感知任务的参与意愿。

本章所涉及研究的群智感知应用场景扩展自基于智能手机的环境监测系统[66]。一些志愿者预先在感知服务平台的注册服务器中注册,从而可以接收来自感知服务平台的感知任务。感知任务发布者发布感知任务时需提供感知数据需求、任务预算等。感知数据需求通常包括感知数据所属的区域、时间、数量等。在到达感知任务的时间限制后,参与者需要上传他们收集到的感知数据到感知服务平台。感知服务平台根据感知任务的需求对感知任务进行一系列处理后,再将最终的数据发送给感知任务发布者,至此感知任务结束。

一方面,在目前的群智感知研究中,大多数参与者选择策略都高度依赖于参与者的移动轨迹,为了能够更好地满足感知任务的需求,感知服务平台往往需要参与者上传一些个人信息,如设备电量、传感器信息、当前位置、历史移动轨迹等,这势必会造成参与者个人隐私信息的泄露。同时,随着人们对个人隐私信息的保护意识不断提高,个人隐私泄露风险必然会降低他们对感知任务的参与意愿。

另一方面,在感知数据收集工作结束后,感知服务平台会对参与者提供一定的激励,作为收集感知数据的奖励。为了能更好地奖励参与者和阻止恶意上传数据的行为,感知服务平台应该对上传的感知数据进行验证,从而确定给予参与者什么样的奖励。验证工作也要求参与者上传与位置相关的感知数据,而且需要与参与者一一对应,这与参与者个人隐私信息的保护是背道而驰的。

本章提出了一个基于隐私保护策略的参与者协作机制,来解决群智感知中参与者隐私泄露的问题。本方案的基本思想是依靠参与者之间的协作来完成感知任务的多个过程,而不将这些过程全部交给感知服务平台处理。

对于感知服务平台,参与者选择不再依赖于参与者上传的详细轨迹信息,而只要求参与者上传一些不涉及个人隐私信息的数据。在参与者选择过程中,任务需求完成程度的计算通过参与者协作来完成。在数据聚合阶段,引入激励和惩罚机制以防止一些恶意行为的产生。通过以上策略,感知服务平台能够在获取最大信息质量满足度的同时,保障参与者的个人隐私数据安全。本章提出方案的主要贡献分为以下几点:

(1) 提出了基于隐私保护策略的参与者协作机制,让感知服务平台能够在不获取参与者的行动轨迹等个人信息的基础上,获取最大信息质量满足度,从而解决群智感知中参与者隐私泄露的问题。

(2) 提出了基于波达计数法的参与者选择策略,通过综合参与者的感知能力、激励需求以及可能会影响隐私保护等级的一些信息,完成对参与者潜在贡献的评估,从而完成参与者选择。

(3) 提出了基于参与者协作的、保护参与者个人隐私安全的、分布式的感知数据聚合机制和激励分发机制。

(4) 使用意大利罗马出租车的真实轨迹数据集进行了多组实验,对本章提出的算法进行了验证。实验结果表明,本章提出的算法可以在满足约束条件的情况下保证感知数据采集工作的顺利完成,并能有效保障参与者的个人隐私信息安全。

与当前一些类似的解决方案相比,本章提出的算法能够在感知任务进行的整个过程中,有效地保护参与者的个人隐私信息不被泄露,同时不会降低数据的精度或浪费感知数据的预算。

5.2 系 统 模 型

5.2.1 系统架构

为了解决群智感知系统里的参与者个人隐私信息保护的问题,本章设计了一个群智感知应用场景。在该应用场景中,群智感知系统由感知任务发布者、感知服务平台、参与者、感知区域等 4 部分组成,这些部分通过感知任务联系到一起。感知任务发布者可以以各种形式,通过感知服务平台发布感知任务,一个感知任务由感知数据需求和任务预算 c 组成。感知任务需求对应的区域被称为感知区域,用 $\mathcal{L} \overset{\Delta}{=} \{l=1,2,\cdots,L\}$ 来表示,本章同样将感知区域分成 L 个子区域。感知任务限定的时间被称为感知时间 $\mathcal{T}$,被划分为 T 个时间区间,用 $\mathcal{T} \overset{\Delta}{=} \{t=1,2,3,\cdots,T\}$ 来表示。感知服务平台包含了应用服务器、注册服务器、数据处理服务器等多个部分。M 个参与者 $\mathcal{M} \overset{\Delta}{=} \{m=1,2,\cdots,M\}$ 即为在感知平台注册过的且在感知区域内活动的智能终端用户。为了能获得分布更均匀的感知数据,同时减少冗余数据的产生[214],本章将感知任务所需求的感知数据均匀分配到每个子区域和每个时间区间中,即对于该感知任务,每个子区域和每个时间区间内都需要 N 份感知数据。

本章提出的群智感知架构被分成了以下 6 个过程:

(1) 参与者在感知服务平台中注册,并提交自己的激励需求等信息。

（2）感知任务发布者通过感知服务平台发布感知任务，提交感知数据需求和任务预算等信息。

（3）感知服务平台向参与者推送感知任务，所有接受任务的参与者根据自己的活动行程指定自己的数据收集计划，客户端根据参与者的计划和感知任务需求计算参与者对感知任务的潜在贡献并将其上传到感知服务平台，感知服务平台根据参与者选择算法进行参与者选择。

（4）被选择的参与者收集并上传感知任务所需的感知数据到感知服务平台。

（5）感知服务平台对上传的感知数据进行处理、评估。

（6）根据参与者上传的感知数据的评估结果，感知服务平台向参与者派发相应的任务奖励。如果参与者在感知任务过程中有恶意行为，感知服务平台也会对参与者进行惩罚，如降低其信誉值，等等。

数据处理和评估工作可以通过很多种算法[214]完成。本章主要关注在不获取参与者个人信息的前提下，过程（3）如何对参与者的数据收集行为进行调度，过程（4）如何完成感知数据的聚合工作，过程（5）和过程（6）如何完成对参与者的奖励和惩罚。

本章假定所有的参与者都通过移动蜂窝网络或者 WiFi 网络接入感知服务平台。

5.2.2　参与者感知能力和激励模型

本章将参与者 m 可以收集的感知数据用 o_m 来表示：

$$o_m = \{o_m^{lt} \mid \forall l \in L, \forall t \in T\}, \quad \forall m \in \mathcal{M} \tag{5-1}$$

其中，o_m^{lt} 表示参与者 m 在子区域 l 和时间区间 t 内能收集的感知数据数量。

本章使用 $X \subseteq \mathcal{M}$ 来表示被选择的参与者群体，而该参与者群体能够收集的感知数据总量即为群体内所有参与者收集的感知数据数量之和，使用 $o(X)$ 表示：

$$o(X) = \{o_{lt}(X) \mid \forall l \in L, \forall t \in T\}, \quad X \subseteq \mathcal{M} \tag{5-2}$$

根据文献[19]，参与者群体 X 提供的感知数据可以达到的信息质量满足度 $s(X)$ 可以通过以下算法来计算：

$$s(X) = 1 - \sqrt{\frac{\sum\limits_{\forall l \in L, \forall t \in T} (\max(0, (N - o_{lt}(X))))^2}{L \cdot T \cdot N}}, \quad X \subseteq \mathcal{M} \tag{5-3}$$

其中，N 表示感知任务在每个子区域和每个时间区间内所需求的感知数据数量。

为了达到更高的信息质量满足度，感知服务平台需要选择对感知任务潜在贡献最高的参与者，以最大化参与者群体 X 的感知能力 $u(X)$。通过式（5-2），可以获得时间、空间维度都均匀分布的感知数据，在提高信息质量满足度的同时也降低感知数据的冗余度。

本章使用 $a_m = \sum\limits_{l \in \mathcal{L}, t \in \mathcal{T}} u_m^{lt} \mid \forall m \in \mathcal{X}$ 来表示参与者 m 在感知任务过程中所能收集到的感知数据总量。参与者群体 $\mathcal{X}$ 所能收集到的感知数据总量即为群体内所有参与者所能收集到的感知数据总量之和,使用 $a(\mathcal{X})$ 来表示:

$$a(\mathcal{X}) = \sum_{m \in \mathcal{X}} a_m, \quad \mathcal{X} \subseteq \mathcal{M} \tag{5-4}$$

本章使用 $i_m, \forall m \in \mathcal{M}$ 来表示参与者 m 对感知任务的激励需求。参与者群体 $\mathcal{X}$ 的总激励需求即为群体内所有参与者的激励需求之和,使用 $i(\mathcal{X})$ 来表示:

$$i(\mathcal{X}) = \sum_{m \in \mathcal{X}} i_m, \quad \mathcal{X} \subseteq \mathcal{M} \tag{5-5}$$

5.2.3　参与者隐私保护模型

本章采用了一种基于熵理论的隐私保护模型[122]。熵是信息理论中对不可预测性的量度。在感知服务平台收到了总数为 A 的带有位置信息的感知数据,如果一个攻击者看到所有感知数据能对应的参与者的概率相同,则认为达到了最佳的隐私保护效果。通过这种方式,攻击者无法通过获取的数据准确还原参与者的个人隐私信息。因此,参与者的匿名度取决于总数为 A 的感知数据的分布情况。本章使用 $y(\mathcal{X})$ 来表示参与者群体 $\mathcal{X}$ 的隐私保护程度:

$$y(\mathcal{X}) = -\sum_{m \in \mathcal{X}} \frac{a_m}{a(\mathcal{X})} \log_2 \frac{a_m}{a(\mathcal{X})}, \quad \mathcal{X} \subseteq \mathcal{M} \tag{5-6}$$

为了选择更多的参与者来提高参与者群体的隐私保护程度,需要在参与者选择中尽量选取那些激励需求低且收集数据量也较低的参与者。本章提出的参与者选择策略的最终目的是找到满足以下条件的参与者群体来完成感知任务:

$$\begin{aligned} &\max: \quad s(\mathcal{X}) \\ &\max: \quad y(\mathcal{X}) \\ &\text{s.t.}: \quad i(\mathcal{X}) \leqslant b \end{aligned} \tag{5-7}$$

为了选择最合适的参与者群体来完成感知任务,通常情况下参与者必须要上传一些个人信息到感知服务平台。在这个过程中,在参与者和感知服务平台两侧都有发生参与者个人隐私信息泄露的风险。

在感知服务平台一侧,本章认为感知服务平台对于保护参与者个人隐私信息安全来讲并不可靠。恶意攻击者、服务器管理人员都有可能泄露参与者个人隐私信息。例如,恶意攻击者可以在获取感知服务平台内的数据后,通过数据包含的参与者轨迹推断出参与者的一些敏感信息,如居住、工作的地点,以及生活规律等。但是,本章认为感知服务平台的其他功能是可靠的,如参与者选择策略的执行、数据挖掘分析、激励计算下发等。

在参与者一侧,本章允许任何持有智能终端设备的人在感知服务平台注册成为感知任务的参与者。所有的参与者都使用专门的应用来进行数据收集,以减少收集或上传感知数据造成的隐私泄露风险。本章假设所有参与者都是自私的:一方面,他们希望通过为感知任务收集感知数据来获取奖励;另一方面,他们会使用各种方法来提高自己可能获得的奖励,如歪曲别人的数据、伪造自己收集的数据,等等。但是,本章认为上传到感知服务平台的大多数数据是靠谱的。

与目前一些研究中使用可信第三方服务器的方法不同,本章并没有假设感知服务平台内的注册服务器等是可信的。这意味着本章认为这些服务器可能会被攻击者等恶意使用,以非法获取参与者的个人隐私信息。

5.3　基于参与者协作的隐私保护机制

基于本章前半部分的分析,本章将感知任务中的隐私保护机制分成以下两个部分。

(1)参与者选择阶段:感知服务平台以迭代的方式选择出最合适的参与者群体来完成感知任务。

(2)数据聚合阶段:参与者通过协作的机制聚合其收集的感知数据,并通过惩罚机制来约束参与者的一些恶意行为,在数据聚合结束后,感知服务平台会根据感知任务完成情况将激励分发给参加感知任务的参与者。

5.3.1　参与者选择中的隐私保护机制

参与者选择中的参与者个人隐私信息泄露来源于感知服务平台需要参与者设备的传感器信息和轨迹信息来完成该参与者对感知任务潜在贡献的评估,为了解决这个问题,本章要求参与者使用专门的应用来计算自己对感知任务的潜在贡献,并通过参与者协作的方式进行迭代计算,从而完成参与者选择。

1. 基于用户协作的参与者选择机制

本章所提出的参与者选择机制如图 5-1 所示,机制的步骤如下:

(1) 感知服务平台向所有参与者推送感知任务的需求。对于接受任务的参与者,在首轮迭代中收到的即为感知任务的原始数据需求:$r = \{r_{lt} = N \mid \forall l \in \mathcal{L}, \forall t \in \mathcal{T}\}$,而在后面的迭代过程中,参与者收到的需求则为减去上轮被选择的参与者 m_1 的感知能力后的新需求:$r' = r - o_{m_1}$,且该需求由被选择的参与者 m_1 推送。

(2) 参与者设备内的专属应用根据参与者的感知能力和被推送的任务需求,计算参与者对感知任务的潜在贡献,并将潜在贡献的值上传给感知服务平台。感知服务平台根据参与者上传的数值,结合参与者的信誉度等因素,使用制订的策略选出最大潜在贡献者作为本轮被选择的参与者。如果因感知任务预算耗尽、参与者已全部被选或剩余参与者的潜在贡献全部为 0 等原因无法选出最大潜在贡献者,则迭代结束。

(3) 感知服务平台通知本轮被选择的参与者 m_2,由该参与者负责更新感知任务需求:$r'' = r' - o_{m_2}$。

(4) 感知服务平台通知其他未被选择的参与者,让其准备接收来自本轮被选择的参与者 m_2 的信息,以进行下一轮参与者选择,即从步骤(1)重新开始。

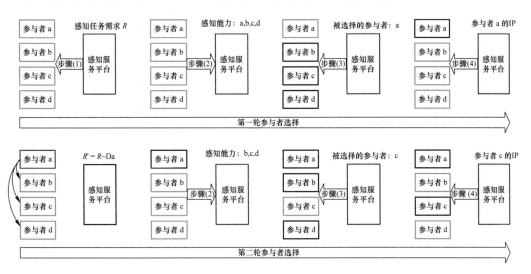

图 5-1 基于用户协作的参与者选择机制

通过本章提出的机制,一方面,感知服务平台可以实时获取感知任务的完成情况,因此感知服务平台可以在参与者选择过程的每次迭代中都可以选出对感知任务潜在贡献最高的参与者;另一方面,信息质量满足度通过参与者的协作来完成,且协作过程是匿名和加密的,因此参与者和感知服务平台都无法获取其他参与者的轨迹信息,从而保障了参与者的个人隐私信息安全。

2. 基于波达计数法的参与者选择算法

本部分进一步介绍参与者应该上传到感知服务平台的信息,以及参与者选择策略中的具体细节,如参与者潜在贡献的计算方法。如果感知服务平台可以获取到所有参与者的轨迹,那么就可以在参与者选择过程中,通过最优化算法计算得到最优或者次优的参与者群体。虽然在提出的机制中,参与者不会上传自己的轨迹信息给感知服务平台,但是如果直接将带有精确位置、时间信息的感知数据上传到感知服务平台,参与者的轨迹信息依然可以被轻易还原。因此,本章采用了一种近似算法来解决这个问题。通过分析式(5-7)所描述的问题,本章的主要目标是:(1)获得最高的信息质量满足度;(2)选择的参与者群体要求的激励最少;(3)拥有足够高的参与者隐私保护水平。

为了达到这些目标,选择的参与者应该具备相应的特点:(1)提供更高的信息质量满足度增量;(2)需求的任务激励更低;(3)收集的感知数据总量更少。

为了达到本章的目标,本章使用迭代式的参与者选择策略。具体的迭代步骤如下:

首先,在获取到参与者上传的激励需求和对感知任务的潜在贡献等信息后,本章使用基于波达计数法[215]的排序方法对这些信息进行加权、排序。使用波达计数法,可以更好地评估候选人在选民中的地位。而在参与者选择策略中使用波达计数法,感知服务平台可以更好地平衡参与者的各种信息。

其次,本章对参与者的波达计数法结果进行排序,选出分数最高的参与者,作为本轮的备选参与者。

通过以上参与者协作机制,迭代地进行参与者选择,直到因感知任务预算耗尽、参与者已全部被选或剩余参与者的潜在贡献全部为 0 等而无法选出最大潜在贡献者,迭代结束。

通过这样的迭代算法,本章可以选出最佳的参与者群体来进行感知数据收集工作。波达计数法是一种在选举中常见的方法,用于在多个选民提交自己对多个候选人的排名后,计算候选人的综合排名。在波达计数法中,每张选票上排名不同的候选人会得到不同的分数,因此通过波达计数法得到的候选人最终的排名和只统计票数得到的排名会有一定的差异。

本章提出的基于波达计数法的参与者选择算法,具体步骤如下。

(1)初始化:假定在每次迭代开始前,已经存在一个被选择的参与者群体 $\mathcal{X}$(第一次迭代前为空)。对于一个尚未被选择的参与者 m 来讲,他需要上传以下信息到感知服务平台:①他对感知任务的潜在贡献 $s_m = s(\mathcal{X} + m) - s(\mathcal{X})$;②他的感知任务激励需求 i_m;③他可以收集到的感知数据总量 a_m。

(2)排序:在收到所有信息后,感知服务平台将参与者对感知任务的潜在贡献从高到低排序,感知任务激励需求从低到高排序,收集到的感知任务总量从小到大排序。然后,感知服务平台会对 3 个排行的名次 θ_m^s、θ_m^c 和 θ_m^a 进行加权排序,再将结果从小到大进行排序,选出第一名作为本轮的候选参与者。

(3)校验:对于每一个候选参与者,如果该参与者的感知任务激励需求没有超过剩余的感知任务预算,且该参与者对感知任务的潜在贡献大于 0,且感知任务需求还没有完全满足,则感知服务平台会将其定为本轮的被选参与者,并更新感知任务信息。如果没有参与者被选出,则返回空值,选择过程结束。

算法:基于波达计数法的参与者选择算法

输入:未被选择的参与者 $\{m_1, m_2, m_3, \cdots, m_n\}(n > k)$;

　　未被选择的参与者数量 k;

　　未被选择的参与者对感知任务的潜在贡献 $s[m_1], \cdots, s[m_n]$;

　　未被选择的参与者的感知任务激励需求 $i[m_1], \cdots, i[m_n]$;

　　未被选择的参与者收集到的感知任务总量 $a[m_1], \cdots, a[m_n]$;

　　被选择的参与者群体 $\mathcal{X}$;

　　所有感知任务的预算总和 c;当前剩余的预算 c_{left};

　　参考者排序的权重 α, β, γ。

输出:被选择的参与者 m^*。

1:初始化数组 s', c', a', rank;

2:$s' = \text{sort}(s)$;$c' = \text{sort}(c)$;$a' = \text{sort}(a)$;

3:初始时被选择的参与者 = NULL;

4:**for** 参与者 $m \in \{m_1, m_2, m_3, \cdots, m_n\}$ **do**

5:　　**for** each s' as $j => i$ **do**

6:　　　　**if** $m == i$ **then**

7:　　　　　　$\text{rank}[m] += i \cdot \alpha$;

8:　　　　**end if**

9:　　**end for**

10:　　**for** each c' as $j => i$ **do**

11：   **if** $m==i$ **then**

12： $\mathrm{rank}[m] +=i \cdot \beta$；

13：   **end if**

14：   **end for**

15：   **for** each a' as $j=>i$ **do**

16：   **if** $m==i$ **then**

17： $\mathrm{rank}[m] +=i \cdot \gamma$；

18：   **end if**

19：   **end for**

20：**end for**

21：sort(rank)；

22：被选择的参与者 $=$ rank(1)；

23：**for** tmp in 1，2，$\cdots$，k **do**

24：   根据式(5-5)计算 $(\mathcal{X}+\mathrm{rank}[\mathrm{tmp}])$ 的激励需求 c；

25：   **if** $c \leqslant c_{\mathrm{left}}$ **then**

26：   被选择的参与者 $=$ tmp；

27：   break；

28：   **end if**

29：**end for**

30：返回：最终被选择的参与者 m^{*}。

基于波达计数法的参与者排序算法如下：

$$\theta_m=\alpha \cdot \theta_m^s+\beta \cdot \theta_m^c+\gamma \cdot \theta_m^a, \quad \forall m \in \mathcal{M} \tag{5-8}$$

其中，α、β 和 γ 为排序的权重，具体数值可根据感知任务的特点等因素决定。在本章的实验中，这 3 个权重的数值设置为 1。

5.3.2   混淆机制

由于在参与者选择过程中参与者有过信息交互，且并不是所有的参与者都被选择，由于本章在系统架构中已经认为参与者并不是完全可靠的，因此当参与者选择过程结束后，感知服务平台将会对所有的参与者信息进行混淆，以便在数据收集和数据聚合阶段进一步降低参与者个人隐私信息的泄露风险。

在混淆参与者的信息后,感知服务平台会随机生成一个数据聚合链,链中的节点即在参与者选择中被选择的参与者。感知服务平台会推送给每一位参与者父节点和子节点的信息,如加密、解密的密钥、新的 ID 等,以便进行数据聚合。

5.3.3 数据聚合及激励、惩罚机制

在参与者协作策略中,每一个被选择的参与者在参与者选择和数据聚合阶段的身份信息不同。在数据聚合阶段,每一个参与者都仅知道其父节点和子节点的信息,即每一个参与者仅知道感知数据接收自哪个参与者,要发送给哪个参与者,且每次接收、发送使用的密钥均不同。本章所提出的数据聚合方式以及相关的激励、惩罚机制如下:

(1)首结点。在数据收集结束、数据聚合开始后,作为首结点的参与者将自己已收集的感知数据对应的信息质量满足度发送给感知服务平台,并将感知数据使用密钥加密后传给他的子节点。

(2)中间节点。在每一轮的感知数据聚合中,作为中间节点的参与者在收到来自父节点的数据后,使用对应的密钥进行解密,计算收到的数据对应的信息质量满足度。再将自己收集的感知数据与收到的感知数据进行混合,计算混合后感知数据对应的信息质量满足度。最后将两次计算得到的信息质量满足度发送给感知服务平台,并将混合后的感知数据使用新的密钥加密后传给他的子节点。

(3)尾节点。作为尾节点的参与者在收到来自父节点的数据后,其所做的工作与中间节点类似,只是其子节点为感知服务平台,即尾节点计算得到的信息质量满足度和加密后的感知数据都将发送给感知服务平台。

(4)感知服务平台。在每一轮的感知数据聚合中,感知服务平台会记录所有参与者传来的信息,接收来自尾节点的感知数据,并最终向参与者下发感知任务奖励。如果感知数据聚合过程中出现问题,感知服务平台也会对其进行调整,并惩罚有过错的参与者。

上面提到的惩罚机制包括但不限于降低信誉度、降低感知任务奖励,甚至将对应的参与者加入黑名单等。在整个感知任务过程中,本章认为在参与者选择和数据聚合阶段也存在一定的风险:

(1)在参与者选择阶段,参与者可能会制定假的数据采集计划以获得更高的感知任务潜在贡献,从而获得更高的任务奖励。

(2)在数据聚合阶段,参与者可能伪造信息质量满足度信息或直接伪造感知数据,以此获得更高的任务奖励。

（3）在数据聚合阶段，参与者可能会因设备关机或者网络故障等问题而没有传输数据。

对于风险（1），在本章提出的算法中，当感知服务平台收到某一参与者和其子节点发来的信息质量满足度信息时，会对其进行比较，如果数值不同，则会联系对应的参与者进行验证，如要求参与者自己及其父节点、子节点发送感知数据给感知服务平台，即可直接确定发生错误的一方，并对有过错的一方进行惩罚。

对于风险（2），感知服务平台可以通过父节点和子节点的信息对比来防止参与者伪造信息质量满足度信息，但无法直接判断参与者是否伪造了感知数据，为了解决这个问题，本章要求参与者使用感知服务平台提供的应用来进行感知数据收集，该应用只允许参与者进行数据收集和数据传输，以此防止参与者进行感知数据伪造。

对于风险（3），当感知服务平台收到某一位参与者发来的信息质量满足度信息后，会启动定时器，如果在定时器结束前，感知服务平台没有收到该参与者子节点传来的信息，即感知数据传送被中断的时间超过阈值，感知服务平台会联系对应的参与者进行验证，并惩罚有过错的一方，如果无法联系子节点，则会通知该参与者和其孙节点，跳过子节点重新传输感知数据。

5.3.4 隐私保护水平分析

本章认为基于参与者协作的参与者隐私保护机制应该具备以下特点：

（1）感知服务平台不知道参与者的轨迹等个人隐私信息，也不会收集任何的相关信息；

（2）感知服务平台无法通过感知数据分析对参与者个人隐私信息进行还原；

（3）参与者会按照他们的感知任务激励需求，得到相对公平的奖励，不会因为虚假或者恶意的行为受益。

可以通过以上 3 条来分析本章提出的算法是否安全。

观点 1 基于本章提出的算法和机制，感知服务平台无法获取参与者的轨迹信息。〔利用第（1）条分析〕

根据之前的描述，基于本章提出的算法和机制，参与者在感知任务对应的整个过程中，仅仅会上传个人对感知任务的潜在贡献（数值），以及感知数据对应的信息质量满足度（数值），并不含有任何轨迹信息。

观点 2 基于本章提出的算法和机制，感知服务平台无法获取参与者其他类型的个人隐私信息。〔利用第（1）条分析〕

不管是在参与者选择阶段，还是在数据聚合阶段，参与者上传到感知服务平台的只有数值,并不包含任何其他信息,因此感知服务平台只能完成对参与者潜在贡献的评估和不规范行为的判定,而没有任何的相关信息以实现对参与者个人隐私信息的推测。

观点 3 感知服务平台无法将用户上传的感知数据与参与者进行匹配。〔利用第(2)条分析〕

感知服务平台在正常流程中,只会在感知数据聚合阶段的最后收到来自尾节点参与者上传的感知数据,所有参与者收集的感知数据都被融合到一起,感知服务平台在之前也仅收到过来自参与者的一些数值信息,因此感知服务平台无法通过收到的感知数据与参与者进行匹配,自然也就无法对参与者的个人隐私信息进行还原。

观点 4 参与者会得到相对公平的任务奖励,有不规范行为的参与者不会因不规范行为获利,只会受到一定的惩罚。〔利用第(3)条分析〕

在每一轮的感知数据聚合中,感知服务平台会记录所有参与者传来的信息,而在感知服务平台收到该参与者的子节点发来的信息质量满足度信息后,会对两个数值进行比较,如果数值不同,则会联系对应的参与者进行验证,并对有过错的一方进行惩罚。此外,在数据聚合阶段,感知服务平台会通过定时器等方法,对感知数据的聚合过程进行监督,如果感知数据的传输出现了延误等情况,感知服务平台会及时联系相应的参与者进行确认,并对数据聚合过程做出调整,以及对有过错的一方进行惩罚。

5.4 实验设计与结果分析

5.4.1 实验设计

在算法评估实验中,本章使用了意大利罗马出租车轨迹数据集[212]。数据集的具体介绍和处理方法请参照第1章的实验部分,实验中的其他参数设置如下:

(1) 设定感知任务需求中,对于每一个子区域,都需要至少收集100份感知数据,即$N=100$;将感知任务的预算设定为1000,即$c=1000$。每个参与者的感知任务激励需求被设置为从1到10的一个随机数值。

(2) 将被选定区域内所包含的1040条轨迹定义为感知任务的参与者,即$M=1040$。通过整理分析,可以发现这1040条轨迹所包含的GPS坐标点数量有很大的差异,但大多数轨迹都包含50到200个GPS坐标点。

（3）所有的实验都以不同的参数进行了至少100次，而和随机算法相关的实验被进行了至少1 000次，并使用结果的平均值作为最终结果。

在结果中，将本章提出的算法与随机选择算法（在参与者选择的每一次迭代中随机选择参与者，直到感知任务预算耗尽）以及贪婪（QoI最优）算法得到的近似最优解进行比较；使用MATLAB软件作为实验环境进行实验。

5.4.2　结果分析

（1）验证了任务预算 c 对信息质量满足度的影响，如图5-2所示。可以观察到，在任务预算非常有限的时候，QoI最优算法获得的信息质量满足度比本章提出的算法高一点点，但是随着任务预算的提升，两种算法之间的差距在2 000单位预算处缩小到3%。这是因为在任务预算非常有限的时候，能选择的参与者数量很少，因此信息质量满足度非常低，而且为了隐私保护水平，本章提出的算法自然无法获得与QoI最优算法相同的信息质量满足度。但随着预算的提高，雇佣参与者所带来的信息质量满足度增量变得越来越小，因此本章提出的算法所获得的信息质量满足度在不断地接近QoI最优算法。此外，本章提出的算法要显著好于随机选择法。

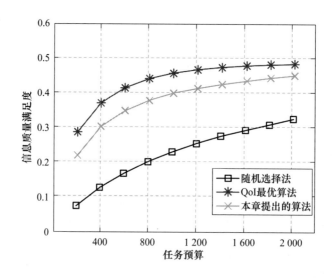

图5-2　任务预算对信息质量满足度的影响

如图5-3所示，本章提出的算法所对应的冗余数据比例是最低的，特别是在200单位预算处，本章提出的算法对应的冗余数据比例只占QoI最优算法的19%，以及随机算法的11%。而且，随着任务预算的提高，感知服务平台雇用了更多的参与者，收到了更多的感知数据,因此所有的算法对应的冗余数据比例都不断提高,但本章提出的算法对应的冗余数据比例仍然是所有算法中最低的,最终当任务预算为 2 000 单位预算时,本章提出的算法对应的冗余数据比例仍然比随机算法低 6%。

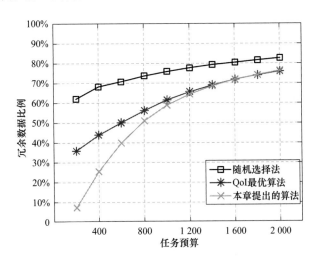

图 5-3　任务预算对冗余数据比例的影响

　　如图 5-4 所示,本章提出的算法隐私保护水平一直是最高的,在任务预算只有 200 单位预算时,本章提出的算法的隐私保护水平要比 QoI 最优算法高 23%。而且随着任务预算的提升,本章提出的算法相比于 QoI 最优算法的优势变得越来越大。结合前面的信息质量满足度信息,可以观察到随着任务预算的提高,隐私保护水平的提高速度要比信息质量满足度快一些。因此,当考虑参与者个人隐私信息保护时,本章提出的算法具有更好的平衡性。

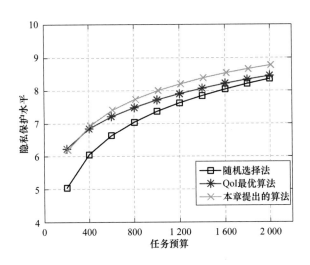

图 5-4　任务预算对隐私保护水平的影响

在本章提出的算法中,可以通过雇佣更多的参与者来提高感知服务平台的隐私信息保护水平。如图 5-5 所示,随着任务预算的提高,本章提出的算法将雇佣比其他算法更多的参与者。

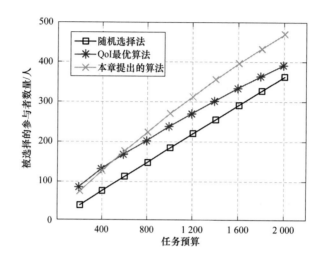

图 5-5　任务预算对被选择的参与者数量的影响

（2）本章验证了参与者总数对信息质量满足度的影响。如图 5-6 所示,当参与者总数为 100 人时,任务预算足够雇佣所有的参与者,因此 3 种方法获得的信息质量满足度是一样的。但随着参与者总数的增加,QoI 最优算法和本章提出的算法获得的信息质量满足度不断增长。但由于参与者的感知能力有较大差异,因此随着参与者数量的提升,任务预算越发不足,随机选择法因此表现出了不同的变化趋势,甚至在刚开始出现了小幅下降。最终,当参与者总数为 1 000 人时,本章提出的算法获得的信息质量满足度比随机选择法高 71%,且只比 QoI 最优算法低 12%。

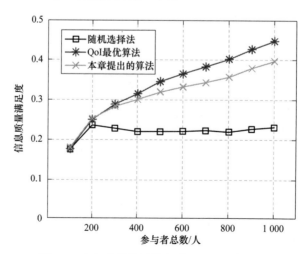

图 5-6　参与者总数对信息质量满足度的影响

　　与第一组实验类似,本章提出的算法一直都有最低的冗余数据比例,如图 5-7 所示。当参与者总数很少、感知任务预算足够雇佣绝大多数参与者时,受收集到的感知数据量的影响,3 种算法对应的冗余数据比例都出现了一定程度的提高。但随着参与者总数的进一步增加,为了获得更高的信息质量满足度,感知服务平台会选择数据分布更为分散的参与者来完成感知任务,因此 QoI 最优算法和本章提出的算法对应的冗余数据比例都呈现了下降趋势。最终,当参与者总数为 1 000 人时,本章提出算法对应的冗余数据比例要比 QoI 最优算法低 3.2%,比随机选择法低 22.3%。

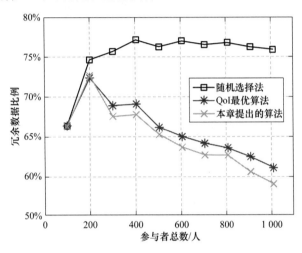

图 5-7　参与者总数对冗余数据比例的影响

　　与第一组实验类似,本章提出的算法一直都有最高的隐私保护水平,如图 5-8 所示。而且随着参与者总数的增加,本章提出的算法的优势越发明显。最终,当参与者总数为 1 000 人时,本章提出的算法可获得的隐私保护水平比 QoI 最优算法高 3.4%,比随机选择法高 8.3%。

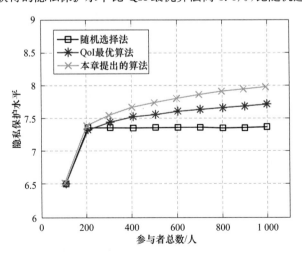

图 5-8　参与者总数对隐私保护水平的影响

本章提出的算法一直能雇佣更多的参与者,如图 5-9 所示。最终,当参与者总数为 1 000 人时,本章提出的算法雇佣的参与者总数比 QoI 最优算法高 15%,比随机选择法高 48%。

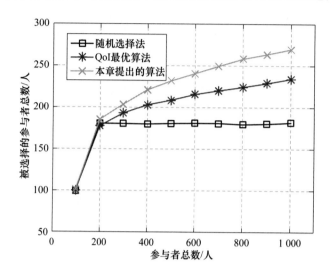

图 5-9   参与者总数对被选择的参与者总数的影响

(3) 验证了感知数据需求量,即每个子区域内的最小感知数据量需求 N 对信息质量满足度的影响。如图 5-10 所示,随着感知数据需求量的增加,所有算法获得的信息质量满足度都处于下降趋势。本章提出的算法获取的信息质量满足度一直接近于 QoI 最优算法,且远远高于随机选择法。当感知数据需求量达到 200 份时,本章提出的算法获取的信息质量满足度比随机选择法高 87%,但只比 QoI 最优算法低 14%。

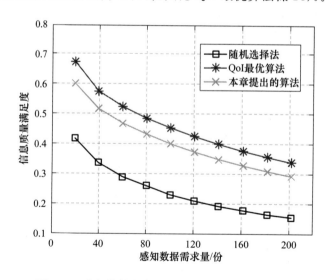

图 5-10   感知数据需求量对信息质量满足度的影响

本章提出的算法一直都有最低的冗余数据比例,且随着感知数据需求量的增加,其优势越来越明显,如图 5-11 所示。当感知数据需求量达到 200 份时,本章提出的算法对应的冗余数据比例比随机选择法低 41%,比 QoI 最优算法低 11%。

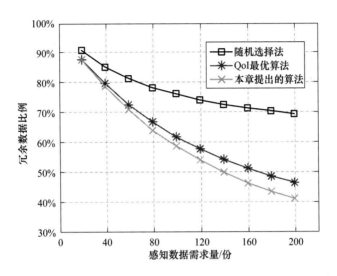

图 5-11　感知数据需求量对冗余数据比例的影响

同时,与前两组实验类似,本章提出的算法一直都有最高的隐私保护水平,如图 5-12 所示。当感知数据需求量较低时,本章提出的算法优势最大。如当感知数据需求量为 20 份时,本章提出的算法对应的隐私保护水平比随机选择法高 8.9%,比 QoI 最优算法高 6.5%。

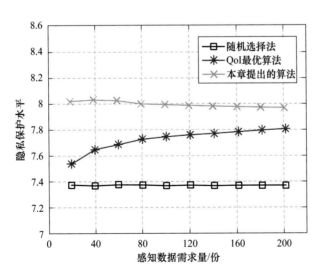

图 5-12　感知数据需求量对隐私保护水平的影响

在本组实验中,本章提出的算法依然能一直雇佣最多的参与者,如图 5-13 所示。当感知数据需求量为 20 份时,本章提出的算法选择的参与者数量比随机选择法高 51.7%,比 QoI 最优算法高 34.3%。

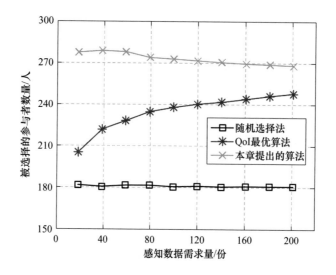

图 5-13　感知数据需求量对被选择的参与者数量的影响

第6章
基于互信息最大化的协同数据采集

6.1 引　言

空气污染是全球范围内许多城市所面临的主要环境问题之一。世界卫生组织（WHO）[216]的报告显示，长期暴露于含有高浓度污染物的空气中对健康有很大的威胁，也会给个人和社会带来巨大的经济损失。2012 年，全球约有 700 万人因空气污染而离开人世，其中许多人生前居住在低收入或中等收入国家[217]。针对数据分析问题，有研究者提出了一种在城市环境中收集和分析具有关联性的数据的方法[218]，该方法可以对具有关联性的数据进行分析、利用，以全新的方式增强城市环境数据的管理和处理能力。也有研究者利用具有 10 km×10 km 分辨率的卫星收集到的 PM2.5 数据集分析了从 2004 年到 2012 年间空气污染对中国居民健康影响的时空趋势[219]。结果显示，与 PM2.5 较为相关的脑卒中、缺血性心脏病和肺癌的全国死亡人数从 2004 年的约 80 万例增加到 2012 年的 120 多万例。

准确的空气污染信息对于健康保护机构评估空气质量并向公众提供建议具有非常重要的意义[220]。许多国家都建立了自己的空气质量监测系统。我国也于 2020 年基本完成了"十四五"国家城市环境空气质量监测网点位优化调整工作，调整后的空气质量监测站点（High Quality Monitoring Stations，HQMS）的数量将从之前的 1 436 个增加至近 1 800 个，能解决很多城市新增建成区域缺少站点的问题，实现地级及以上城市和国家级区域的全覆盖。但相对我国广袤的国土面积，现有站点的数量依然不足，且分布过于稀疏。

高精度的空气污染分布图一直是解答许多与空气质量相关的问题最有价值的资料之一,如城市规划[221]等。空气污染监测可能会花费大量的金钱、时间和空间。例如,建设和维护 HQMS[185]的成本高昂,典型的 HQMS 大约需要 20 万美元的建设成本和每年3 万美元的维护成本。因此,大多数 HQMS 是围绕一些大城市建造的。HQMS 对一些中小型的城市,特别是对中低收入的中小型城市来讲,"性价比"很低。

为了降低空气污染监测的成本,研究人员研究使用物联网设备来监测城区,如利用装有低成本传感器的无人机协助 HQMS 进行与空气污染相关的环境数据采集。类似的解决方案可以扩展 HQMS 的监视范围,但不能保证低成本传感器的准确性。确保数据收集的准确性对于空气污染监控来讲,是必不可少的。尽管低成本传感器通常在部署前已进行校准,但随时间推移它们会受到噪声和漂移量的影响[222],收集的数据准确性下降。例如,低成本传感器对在受控环境中保存的 15 种挥发性有机化合物的测量结果显示,其单日漂移量高达 20%[223]。因此,低成本传感器需要经常进行校准,以确保测量结果的准确性[224]。

此外,为了获得高分辨率的空气污染分布图,必须保证已部署传感器有较大的分布密度,这意味着我们需要在城市周围部署大量的传感器,这显然是不符合我们预期的。幸运的是,城市环境中的空气污染数据普遍具有很强的时空关联性[221],因此我们可以收集一些稀疏的数据,并使用有限的测量值来重构未测量到的数据。

但是,不同城市的情况千差万别,使用低成本传感器进行空气污染监测也面临一些挑战:一方面,在数据收集过程中,传感器需要经常与 HQMS 接触来进行校准,以确保收集数据的准确性;另一方面,为了保证重构数据的准确性,需要使已测量数据与未测量到的数据之间的互信息最大化。互信息和传感器校准对于数据重建非常重要。然而,城市空气质量一般情况下随位置的变化呈现出非线性变化的特点,临近的两个传感器(相距约 3 公里)的读数可能差距非常大[185]。因此,如果使用多维高斯过程在不同位置还原数据,则无法保证还原后数据的准确性,而来自同一位置的不同类型传感器的测量值通常具有一定的相关性。此外,城市环境数据(例如空气质量)与人类活动高度相关。这些测量允许使用多维高斯过程在相同位置还原未测量到的数据。因此,在空域中,可以限制需要覆盖的位置数量;在时域中,可以让具有强相关性的传感器在相同位置能够覆盖不同的时隙。

本章提出了一种协作式群智感知的通用模型,该模型同时考虑了互信息和传感器校准[225]。本章提出的模型通过对传感器的路线设计,可以解决上述的传感器校准和数据重建两个问题。本章还提出了一个能够同时保障互信息和传感器校准的传感器路径规划问题(SRPP),并提出了一种启发式算法来求解 SRPP,它支持传感器和 HQMS 之间的协同校准,同时可以大幅度减小数据重建的均方根误差(RMSE)。

本章的主要贡献可以总结为以下几点:

(1)提出了一种通用协作群智感知模型,该模型可使用有限的 HQMS 及携带传感器的无人机获得高分辨率的空气污染分布图,该模型在传感器(无人机)的路线设计中同时考虑了互信息和传感器校准。

(2)提出了 SRPP 问题,能够最大程度地提高互信息并保证测量数据的准确性,该架构可根据应用需求灵活地调整精度。

(3)定义了 SRPP 的一个特殊情况——sSRPP,并通过将其简化为最大覆盖问题(MCP,NP 难问题)证明了 sSRPP 是 NP 难问题,最终证明 SRPP 也是一个 NP 难问题。

(4)提出了一种启发式算法来解决 SRPP 问题,该算法可以在传感器校准的约束下实现互信息最大化。

(5)通过仿真实验对本章提出的解决方案进行了验证,结果显示本章提出的算法能够在数据恢复中大幅度领先传统方法。

6.2 系 统 模 型

实时空气污染物信息(例如 NO_2、PM2.5 和 PM10 的浓度)对于支撑空气污染监测和缓解,以及减少空气污染对人类的危害具有至关重要的作用[185]。通过为城市管理提供关键信息,城市环境感知对于解决城市环境问题同样具有至关重要的意义[226]。

为了满足空气污染监测的需求,需要在监测区域内部署大量的传感器来提高监测的时空分辨率。由于传感器的设备成本和运营成本较高,人们广泛使用高斯过程等非线性回归技术来减少数据重建所需的传感器数量。例如,有研究者提出了一种使用高斯过程回归技术为移动无线传感器网络建立空间模型的方法[227];还有研究者提出了一种自组织传感机制[228],可以学习时空高斯过程并提高数据估计的质量;同样,有研究者在无人机平台上利用高斯过程[229],通过无人机携带的传感器网络信号来进行数据重建。有研究者研究架构组织的概念模型[230],指定基于该架构的无人机系统来实现所需的功能。

有研究者建议利用新兴的深度强化学习技术来实现无模型的无人驾驶车辆控制[231]，这使无人机可以在城市中不受控制地巡航，并在感知区域内收集最重要的数据，同时无人充电车将在最短的时间内抵达充电点为无人机充电，以提高无人机的续航能力。有研究者引入了一种机器学习模型[232]，该模型将稀疏的固定站数据与密集的移动传感器数据相结合，以估计悉尼在任何一天中指定时间范围内的空气污染情况。有研究者为 Google Street View 车辆配备了快速响应的污染测量平台[233]，并在加利福尼亚州奥克兰市的 30 km² 范围内对每条街道进行环境数据采样，构建了一个大型城市空气质量数据集及其测量方法，数据集所包含的城市空气污染数据的空间精度比当前中心站点环境监测的数据高出 4～5 个数量级。有研究者专注于将无线传感器网络用于空气污染监测[234]，以最小的成本确保空气污染数据的时空覆盖率和网络连通性。

有研究者提出了一种解决方案[235]，使用带有现成传感器的无人机来进行数据收集任务，其中他们使用 Pixhawk 开源飞控对无人机进行控制，使用树莓派开发板进行数据的感知和存储，从而快速准确地生成空气污染分布图。有研究者提出了一种基于机会群智感知的空气质量监测系统[236]，该系统可以让终端用户在智能手机上查看他们一整天的"污染足迹"，以及附近的空气质量和城市的空气质量指数图。有研究者通过使用 Strava Metro 数据集研究了英国格拉斯哥自行车活动的空间布局以及自行车活动与空气污染之间的关联，通过该研究可以证实众包在研究自行车和空气污染方面的实用性。有研究者研究了如何在数据收集过程中提高参与者的参与热情[237]。有研究者提出了一种基于随机森林的细粒度 PM2.5 估算方法[238]，该方法使用气象部公布的数据，并从没有任何 PM2.5 相关传感器的智能手机用户中收集数据。有研究者提出了用于产生高时空分辨率 PM2.5 浓度图像序列的综合估计模型[239]，并在纽约进行了测试。

为了解决移动传感器网络中的路线设计问题，研究者们提出了很多不同类型的方法。其中，大部分的研究都集中在提高传感器的空间覆盖率上[240-241]。例如，有研究者提出了覆盖时间（ICT）的概念[242]，该覆盖时间为同一子区域连续两次覆盖之间的时间；有研究者研究了同时考虑空间和时间分辨率的城市分辨率概念[134]。

上述工作基本都认为低成本传感器的测量数据是准确的，而没有考虑传感器校准以及传感器精度偏差和漂移对数据收集工作的影响。

有研究者专注于传感器校准[243]，这是无线传感器网络中应该考虑的一个基本问题。如果数据测量不准确，自然也不能保证数据重建的准确性。因此，当涉及数据重建时，传感器校准变得更加重要。已经有许多研究者进行了与传感器校准相关的问题研究。例如,有研究者提出了一种自校准系统[244],利用低成本、低精度传感器和高成本、高质量传感器在同一位置同时收集的数据来对低成本传感器进行校准。还有研究者研究低成本传感器的漂移[223],以及针对漂移情况探究应该在哪里部署高质量传感器。

有研究者提出了一种基于深度强化学习的新型、高效、节能的无人机控制方法[245],该方法结合了通信覆盖范围、公平性、能耗和连通性等因素,最大限度地提高了无人机系统的感知效能。有研究者提出了一种基于高斯混合模型的无人机覆盖搜索的离线规划算法[246],该算法可以最大化累积检测收益,尤其是对对于时间敏感的搜索任务更为有效。与其他方法相比,该方法具有更高的搜索效率和更强的鲁棒性。有研究者从能源效率的角度研究了无人机辅助群智感知系统中的联合任务分配和路线规划问题,该问题可以在能耗、总利润和匹配满意度上取得良好的表现[247]。有研究者研究从整个感知区域获取数据感知点,并使用无人机在感知点中与传感器进行通信以获取传感器数据,然后确定相邻采集点之间的最佳飞行路径[248]。还有研究者提出了一种新型的无人机路径规划算法[248],该算法依赖于连续更新的虚拟区域及其局部梯度。

与上述所有方法不同,本章将结合传感器校准和传感器数据重建来解决传感器的路线设计问题,并提出一种用于协同群智感知的通用模型,该模型可以最大化互信息并保证传感器的校准。

6.3　系统架构及流程

本章建立了一个二维感知区域 $\mathcal{L}$ 来简化协作校准方案,如图 6-1 所示。在空域中,将整个感知区域划分为相同面积的 L 个网格单元,其中 $\mathcal{L} \triangleq \{l | l_1, l_2, \cdots, l_L\}$ 是所有网格单元的集合。令 $\mathcal{H}(l)$ 表示 $\mathcal{L}$ 中的相邻网格单元 l 的位置标签集合。HQMS 由 $\mathcal{L}^* \triangleq \{l_1^*, l_2^*, \cdots, l_n^*\}$ 表示。在时域中,本章将整个任务时间 $\mathcal{T} \triangleq \{t | t_1, t_2, \cdots, t_T\}$ 划分为具有相同时间的 T 个时隙,每个时隙代表着传感器从一个网格单元移动到相邻网格单元所需的时间。

在本章提出的方案中,有 S 个装有传感器的无人机,其集合为 $\mathcal{S} \triangleq \{s | s_1, s_2, \cdots, s_S\}$。空气污染数据由 $\mathcal{A} \triangleq \{a | a_1, a_2, \cdots, a_k\}$ 表示,例如 PM10、PM2.5、NO_2 和 O_3 等。令 $\mathcal{A}_s$ 表示 s 可以测量的空气污染数据,其中 $\mathcal{A}_s \subseteq \mathcal{A}$, $\forall s \in \mathcal{S}$。

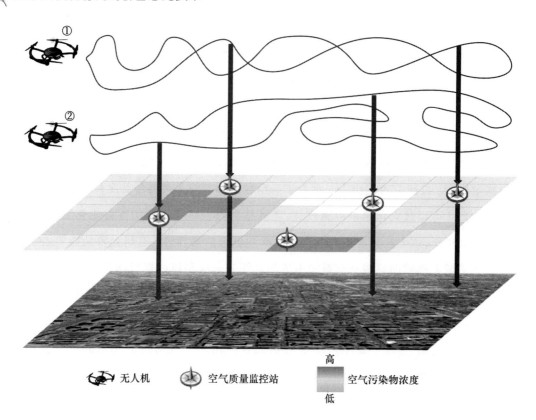

图 6-1 协作数据收集架构

在数据收集过程中,每个无人机都会生成一条包含时间和空间信息的轨迹。如图 6-1 所示,无人机的轨迹都以 t_1 开始,在 t_6 结束,并且它们可以测量相同类型的空气污染数据 a,其中 $a \in \mathcal{A}$。为了保证数据的准确性,每条轨迹必须两次经过具有真值的估计值的位置。如图 6-1 所示,s_1 两次经过 HQMS 所在的位置,因此该轨迹上的测量是准确的。同样,s_2 也两次经过 HQMS 所在的位置。

令 $x_t^a(l)$ 表示空气污染数据 a 在时隙 t 以及网格单元 l 的值,同时令 $x_t^a(\ell)$ 表示空气污染数据 a 在时隙 t 以及网格单元集合 ℓ 的值向量,其中 $\forall t \in \mathcal{T}$,$\forall l \in \mathcal{L}$,$\forall \ell \subseteq \mathcal{L}$,$\forall a \in \mathcal{A}$。于是可以得到

$$\boldsymbol{x}_t^a(\boldsymbol{\mathcal{L}}) = \left[x_t^a(l_1), x_t^a(l_2), \cdots, x_t^a(l_L) \right]^T \tag{6-1}$$

令 $r_s(t)$ 表示传感器 s 在时隙 t 的规划位置,同时令 $\boldsymbol{r}_s(\boldsymbol{t})$ 表示传感器 s 在时隙集合 $\boldsymbol{t}$ 中的规划位置向量,其中 $\forall t \subseteq \mathcal{T}$。于是,传感器在时间 $\mathcal{T}$ 的规划路径可以表示为 $\boldsymbol{r}_s(\mathcal{T})$,其中

$$\boldsymbol{r}_s(\mathcal{T}) = \left[r_s(t_1), r_s(t_2), \cdots, r_s(t_T) \right]^T, \quad \forall s \in \mathcal{S} \tag{6-2}$$

令 $\boldsymbol{R}(\boldsymbol{t}) \stackrel{\Delta}{=} [\boldsymbol{r}_{s_1}(\boldsymbol{t}), \boldsymbol{r}_{s_2}(\boldsymbol{t}), \cdots, \boldsymbol{r}_{s_S}(\boldsymbol{t})]$ 表示时隙集合 $\boldsymbol{t}$ 中所有传感器的规划位置矩阵,于是可以得到

$$\boldsymbol{R}(\boldsymbol{t}) = \begin{bmatrix} r_{s_1}(t_1) & r_{s_2}(t_1) & \cdots & r_{s_S}(t_1) \\ r_{s_1}(t_2) & r_{s_2}(t_2) & \cdots & r_{s_S}(t_2) \\ \vdots & \vdots & & \vdots \\ r_{s_1}(t_T) & r_{s_2}(t_T) & \cdots & r_{s_S}(t_T) \end{bmatrix} \tag{6-3}$$

空气污染数据 a 在时隙 t 中可以测量的第 n 个网格单元表示为 $l_n^{a,t}$,同时空气污染数据 a 在时隙 t 中可以测量的网格单元数量表示为 n_t^a,其中 $\forall t \in \mathcal{T}$,$\forall a \in \mathcal{A}$。于是,空气污染数据 a 在时隙 t 中可以测量的网格单元集合表示为 ℓ_t^a,其中

$$\ell_t^a = \{l_1^{a,t}, l_2^{a,t}, \cdots, l_{n_t^a}^{a,t}\}, \quad \forall a \in \mathcal{A}, \forall t \in \mathcal{T} \tag{6-4}$$

由于 HQMS 的位置是固定的,因此有

$$l \in \ell_t^a, \quad \forall a \in \mathcal{A}, \quad \forall t \in \mathcal{T}, \quad \forall l \in \mathcal{L}^* \tag{6-5}$$

同样,空气污染数据 a 在时隙 t 中未测量到的网格单元表示为 $u_n^{a,t}$,同时空气污染数据 a 在时隙 t 中未测量到的网格单元数量表示为 q_t^a,其中 $\forall t \in \mathcal{T}$,$\forall a \in \mathcal{A}$。于是,空气污染数据 a 在时隙 t 中未测量到的网格单元集合表示为 u_t^a,其中

$$u_t^a = \{u_1^{a,t}, u_2^{a,t}, \cdots, u_{q_t^a}^{a,t}\}, \quad \forall a \in \mathcal{A}, \forall t \in \mathcal{T} \tag{6-6}$$

定义 $f(\cdot)$ 为数据校准约束函数,其中

$$f(l, \ell) \begin{cases} 1, & l \in \ell \\ 0, & l \notin \ell \end{cases}, \quad \forall l \in \mathcal{L}, \forall \ell \subseteq \mathcal{L} \tag{6-7}$$

通过时隙 t 中空气污染数据 a 的值来重建 RMSE,并使用 e_t^a 来评估我们提出的方法的性能,其计算方法为

$$e_t^a = \sqrt{\frac{(\boldsymbol{x}_t^a(u_t^a) - \boldsymbol{\mu}_t^a(u_t^a | \ell_t^a))^T (\boldsymbol{x}_t^a(u_t^a) - \boldsymbol{\mu}_t^a(u_t^a | \ell_t^a))}{q_t^a}}, \quad a \in \mathcal{A}, \forall t \in \mathcal{T} \tag{6-8}$$

其中,$\boldsymbol{\mu}_t^a(u_t^a | \ell_t^a)$ 是条件均值向量。

为了执行传感器校准,每个传感器必须至少两次与 HQMS 或任何其他已校准的传感器碰面。此外,可能有一些轨迹也以 t_1 开始并于 t_6 结束,与 HQMS 的碰面次数少于两次,例如,s_3 与任何 HQMS 都不直接碰面,但与 s_1 和 s_2 碰面 3 次。由于可以从 s_1 和 s_2 获得间接测量值,因此也可以对 s_3 的测量值进行校准,如图 6-2 所示。

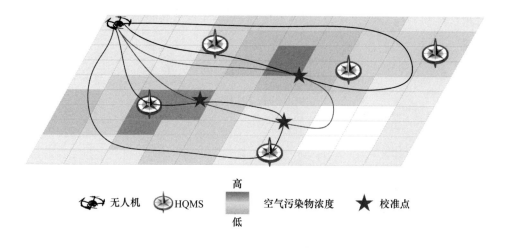

图 6-2　传感器协作校准

6.4　基于有限数据的环境数据重建

本节介绍如何使用本章提出的模型从有限数据中重建未测量到的数据,然后对提出的 SRPP 问题进行说明。

6.4.1　数据重建

作为一种非线性回归技术,高斯过程被广泛用于数据重建中,其通过均值和协方差函数(核函数)完全定义[249]。对于感知区域中的不同类型传感器测量值,本章采用多维输出的高斯过程进行跨域数据融合。借助无线通信技术(例如用于物联网的 GSM 和窄带 LTE),传感器网络中节点的连接与数据通信已不再是系统的瓶颈,因此用不同设备进行数据收集的方式已经成为可能。

如果随机样本的任意集合是符合联合高斯分布的,则对应的随机过程被称为高斯过程。由于高斯过程的灵活性和通用性,高斯过程已被广泛用于时间序列建模和分析中[250]。一些研究者使用高斯过程对目标过程进行贝叶斯滤波、平滑和预测[251-253],研究中提出模型的效果经常通过这些应用来检查。本章的目的是使用高斯过程还原未测量到的环境数据。

为了重建未测量到的数据,本章提出的模型假设测量到的位置和未测量到的位置中空气污染数据的值是服从联合高斯分布的,其中

$$
\begin{bmatrix} \boldsymbol{x}_t^a(\boldsymbol{\ell}_t^a) \\ \boldsymbol{x}_t^a(u_t^a) \end{bmatrix} \sim \mathcal{N}\left(\begin{bmatrix} \boldsymbol{m}_t^a(\boldsymbol{\ell}_t^a) \\ \boldsymbol{m}_t^a(u_t^a) \end{bmatrix}, \begin{bmatrix} \boldsymbol{K}_t^a(\boldsymbol{\ell}_t^a,\boldsymbol{\ell}_t^a) & \boldsymbol{K}_t^a(\boldsymbol{\ell}_t^a,u_t^a) \\ \boldsymbol{K}_t^a(u_t^a,\boldsymbol{\ell}_t^a) & \boldsymbol{K}_t^a(u_t^a,u_t^a) \end{bmatrix} \right) \quad \forall a \in \mathcal{A}, \forall t \in \mathcal{T} \quad (6\text{-}9)
$$

其中,$\mathcal{N}(\cdot)$ 是高斯分布的概率密度函数,协方差矩阵 $\boldsymbol{K}_t^a(\boldsymbol{\ell}_t^a,u_t^a)$ 表示为

$$
\boldsymbol{K}_t^a(\boldsymbol{\ell}_t^a,u_t^a) = \begin{bmatrix} k_t^a(l_1^{a,t},u_1^{a,t}) & k_t^a(l_2^{a,t},u_1^{a,t}) & \cdots & k_t^a(l_{n_t^a}^{a,t},u_1^{a,t}) \\ k_t^a(l_1^{a,t},u_2^{a,t}) & k_t^a(l_2^{a,t},u_2^{a,t}) & \cdots & k_t^a(l_{n_t^a}^{a,t},u_2^{a,t}) \\ \vdots & \vdots & & \vdots \\ k_t^a(l_1^{a,t},u_{q_t^a}^{a,t}) & k_t^a(l_2^{a,t},u_{q_t^a}^{a,t}) & \cdots & k_t^a(l_{n_t^a}^{a,t},u_{q_t^a}^{a,t}) \end{bmatrix}, \quad \forall a \in \mathcal{A}, \forall t \in \mathcal{T}
$$

$$(6\text{-}10)$$

其中,$k_t^a(\cdot)$ 是核函数,$k_t^a(l_i,l_j)$ 是时隙 t 下在网格单元 l_i 和 l_j 中空气污染数据 a 的相关系数,其中 $\forall a \in \mathcal{A}, \forall t \in \mathcal{T}, \forall l_i, l_j \in \mathcal{L}$。均值向量 $\boldsymbol{m}_t^a(\boldsymbol{\ell}_t^a)$ 表示为

$$
\boldsymbol{m}_t^a(\boldsymbol{\ell}_t^a) = \left[m_t^a(l_1^{a,t}), m_t^a(l_2^{a,t}), \cdots, m_t^a(l_{n_t^a}^{a,t}) \right]^T \quad (6\text{-}11)
$$

$m_t^a(l)$ 是时隙 t 下网格单元 l 中空气污染数据 a 分布的均值,其中 $\forall a \in \mathcal{A}, \forall l \in \mathcal{L}$。

未测量到的数据 $\boldsymbol{x}_t^a(u_t^a)$ 的条件概率分布(或预测后验分布)可以表示为

$$
p(\boldsymbol{x}_t^a(u_t^a)|\boldsymbol{x}_t^a(\boldsymbol{\ell}_t^a)) = \mathcal{N}(\boldsymbol{\mu}_t^a(u_t^a|\boldsymbol{\ell}_t^a), \overset{a}{\underset{t}{\Sigma}}(u_t^a|\boldsymbol{\ell}_t^a)), \quad \forall a \in \mathcal{A}, \forall t \in \mathcal{T} \quad (6\text{-}12)
$$

其中

$$
\boldsymbol{\mu}_t^a(u_t^a|\boldsymbol{\ell}_t^a) = \boldsymbol{m}_t^a(u_t^a) + \boldsymbol{K}_t^a(u_t^a,\boldsymbol{\ell}_t^a)\boldsymbol{K}_t^a(\boldsymbol{\ell}_t^a,\boldsymbol{\ell}_t^a)^{-1}(\boldsymbol{x}_t^a(\boldsymbol{\ell}_t^a) - \boldsymbol{m}_t^a(\boldsymbol{\ell}_t^a)), \quad \forall a \in \mathcal{A}, \forall t \in \mathcal{T}
$$

$$(6\text{-}13)$$

同时,$\Sigma_t^a(u_t^a|\boldsymbol{\ell}_t^a)$ 是条件协方差矩阵:

$$
\Sigma_t^a(u_t^a|\boldsymbol{\ell}_t^a) = \boldsymbol{K}_t^a(u_t^a,u_t^a) - \boldsymbol{K}_t^a(u_t^a,\boldsymbol{\ell}_t^a)\boldsymbol{K}_t^a(\boldsymbol{\ell}_t^a,\boldsymbol{\ell}_t^a)^{-1}\boldsymbol{K}_t^a(\boldsymbol{\ell}_t^a,u_t^a), \quad \forall a \in \mathcal{A}, \forall t \in \mathcal{T}
$$

$$(6\text{-}14)$$

令 $I(\boldsymbol{x}_t^a(\boldsymbol{\ell}_t^a), \boldsymbol{x}_t^a(u_t^a))$ 表示测量数据 $\boldsymbol{x}_t^a(\boldsymbol{\ell}_t^a)$ 和未测量到的数据 $\boldsymbol{x}_t^a(u_t^a)$ 之间的互信息。

基于相关算法[254],$I(\boldsymbol{x}_t^a(\boldsymbol{\ell}_t^a), \boldsymbol{x}_t^a(u_t^a))$ 可以表示为

$$
I(\boldsymbol{x}_t^a(\boldsymbol{\ell}_t^a), \boldsymbol{x}_t^a(u_t^a)) = \frac{1}{2}\log((2\pi e)^{q_t^a}|\boldsymbol{K}_t^a(u_t^a,u_t^a)|) - \frac{1}{2}\log((2\pi e)^{q_t^a}|\Sigma_t^a(u_t^a|\boldsymbol{\ell}_t^a)|)
$$

$$
= \frac{1}{2}\log\left(\frac{|\boldsymbol{K}_t^a(u_t^a,u_t^a)|}{|\Sigma_t^a(u_t^a|\boldsymbol{\ell}_t^a)|} \right), \quad \forall a \in \mathcal{A}, \forall t \in \mathcal{T} \quad (6\text{-}15)
$$

其中，$|\mathbf{K}_t^a(u_t^a \setminus u_t^a)|$ 和 $|\Sigma_t^a(u_t^a \mid \ell_t^a)|$ 分别表示 $\mathbf{K}_t^a(u_t^a \setminus u_t^a)$ 和 $\Sigma_t^a(u_t^a \mid \ell_t^a)$ 的行列式。

6.4.2 传感器路径规划

为了规划所有传感器的路径，本章提出了 SRPP 问题，$\mathbf{R}(\mathcal{T})$，通过解决该问题，可以在满足传感器数据校准约束的条件下，使得测量数据与未测量到的数据之间的互信息之和最大化。

SRPP 问题可以表示为最大化：

$$\sum_{t=t_1}^{t_T} I(\mathbf{x}_t^a(\ell_t^a), \mathbf{x}_t^a(u_t^a)) \tag{6-16}$$

约束条件为

$$\mathbf{r}_s(t_{i+1}) \in \mathcal{H}(\mathbf{r}_s(t_i)), \quad \forall s \in \mathcal{S}, \forall t_i \in \mathcal{T} \setminus t_T \tag{6-17}$$

$$\sum_{t=t_1}^{t_T} f(r_s(t), \mathcal{L}^*) \geqslant \lambda, \quad \forall s \in \mathcal{S} \tag{6-18}$$

$$((\exists s \in \mathcal{S}) \Rightarrow (r_s(t) = l \wedge a \in \mathcal{A}_s) \vee l \in \mathcal{L}^*) \Leftrightarrow (l \in \ell_t^a)),$$

$$\forall s \in \mathcal{S}, \forall t \in \mathcal{T}, \forall l \in \mathcal{L}, \forall a \in \mathcal{A} \tag{6-19}$$

$$\ell_t^a \bigcup u_t^a = \mathcal{L}, \quad \forall a \in \mathcal{A}, \forall t \in \mathcal{T} \tag{6-20}$$

由于传感器每次只能移动一个网格单元，且传感器必须在感知区域范围内移动，约束条件(6-17)表示传感器 s 的路径规划中的下一个可以到达的网格单元受传感器 s 当前所在网格单元的限制；由于采集空气污染数据 a 的准确性需要得到保证，因此约束条件(6-18)表示传感器 s 至少需要与 HQMS 碰面 λ 次才能实现对传感器的充分校准。约束条件(6-19)表示只有在传感器 s 路径满足约束条件(6-18)的前提下，传感器 s 才可以在时隙 t 下网格单元 l 中获取到空气污染数据 a 的真实值。约束条件(6-20)限定了在每个时隙下 ℓ_t^a 和 u_t^a 的并集为 $\mathcal{L}$。

证明 SRPP 问题是一个 NP 难问题，即证明 SRPP 问题的简化版本也是一个 NP 难问题。证明过程大致如下。

首先，定义一个 SRPP 问题的简化版本 sSRPP，然后通过将 sSRPP 转化为最大覆盖问题(Maximize Covering Problem，MCP，一个 NP 难问题)来证明 sSRPP 是一个 NP 难问题，进而可以证明 SRPP 问题也是一个 NP 难问题。

sSRPP 问题可以表示为

$$k_t^a(l_i, l_j) = 0, \quad \forall t \in \mathcal{T}, \forall a \in \mathcal{A}, \forall i \neq j \tag{6-21}$$

$$k_t^a(l_i, l_j) = 1, \quad \forall t \in \mathcal{T}, \forall a \in \mathcal{A}, \forall i = j \tag{6-22}$$

$$\lambda = 0 \tag{6-23}$$

其中，$k_t^a(l_i, l_j)$ 表示在时隙 t 下网格单元 l_i 和 l_j 内获取的空气污染数据之间的相关性。当 $k_t^a(l_i, l_j) = 0$ 时，在网格单元 l_i 和 l_j 内获取的空气污染数据之间没有相关性，也就无法根据这样的数据进行未测量到的数据的恢复，因此如果想要得到这些未测量到的数据，就必须让传感器移动到对应的网格单元中。

其次，λ 表示传感器 s 至少需要与 HQMS 碰面的次数。当 $\lambda = 0$ 时，传感器不需要与 HQMS 进行校准，可以直接进行准确的空气质量数据的收集工作。

最后，SRPP 问题可以简化为设计传感器的移动路径来实现互信息的最大化，以达到时域和空域的信息最大化覆盖。因此，SRPP 问题可以转化为一个最大化覆盖问题。

将 SRPP 问题简化为最大化：

$$\sum_{t=t_1}^{t_T} I(\boldsymbol{x}_t^a(\boldsymbol{\ell}_t^a), \boldsymbol{x}_t^a(u_t^a + \boldsymbol{\ell}_t^a)) \propto \bigcup S(\boldsymbol{r}_s(\mathcal{T})) \tag{6-24}$$

其中，$I(\boldsymbol{x}_t^a(\boldsymbol{\ell}_t^a), \boldsymbol{x}_t^a(u_t^a + \boldsymbol{\ell}_t^a))$ 表示空气污染数据 a 在时隙 t 中已测量的和总的数据之间的互信息；$S(\boldsymbol{r}_s(\mathcal{T}))$ 表示传感器移动路径 $\boldsymbol{r}_s(\mathcal{T})$ 的时空覆盖度。

定理 6-1 sSRPP 问题是 NP 难问题。

证明 本证明基于 NP 难问题之一的最大覆盖问题，过程如下。

输入：一个数字 K 和一个集合 $\mathcal{J} = \{J_1, J_2, \cdots, J_n^*\}$。

目标：查找集合的子集 $\mathcal{J}' \subseteq \mathcal{J}$，使得 $|\mathcal{J}'| \leqslant K$ 和覆盖元素的数量 $\left| \bigcup_{J_i \in \mathcal{J}'} J_i \right|$ 最大化。

令 $J(\boldsymbol{r}_s(\boldsymbol{t}))$ 表示传感器路径 $\boldsymbol{r}_s(\boldsymbol{t})$ 可以覆盖的时空元素集，其中 $\forall s \in \mathcal{S}, \forall t \subseteq \mathcal{T}$。令 $\mathcal{J} = \{J_1, J_2, \cdots, J_n^*\}$ 表示总的集合，其中每个 J_i 是一条传感器路径可以覆盖的时空元素集合。然后，对于任何的传感器路径集合 $\boldsymbol{r}_s(\mathcal{T})$，可以找到其唯一对应的时空覆盖范围的集合，其中

$$\exists ! J_i = J(\boldsymbol{r}_s(\mathcal{T}))$$
$$= \{\{t_1, r_s(t_1)\}, \{t_2, r_s(t_2)\}, \cdots, \{t_T, r_s(t_T)\}\}, \quad i \in \{1, 2, \cdots, n^*\}, \forall s \in \mathcal{S} \tag{6-25}$$

令 $\mathcal{J}' \overset{\Delta}{=} \{J(\boldsymbol{r}_{s_1}(\mathcal{T})), J(\boldsymbol{r}_{s_2}(\mathcal{T})), \cdots, J(\boldsymbol{r}_{s_S}(\mathcal{T}))\}$。考虑到 s_i 和 s_j 可能具有相同的路线，

有 $|\mathcal{J}'| \leqslant K$。于是,将公式(6-24)表示为最大化:

$$\bigcup_{J_i \in \mathcal{J}'} J_i \tag{6-26}$$

所以,sSRPP 是一个最大覆盖问题,可以得知 sSRPP 问题是一个 NP 难问题。□

由于 sSRPP 问题是一个 NP 难问题,而 sSRPP 问题又是 SRPP 问题的一个特例,因此 SRPP 问题也是一个 NP 难问题。

6.5　基于蚁群优化算法的移动传感器路径规划

本节提出了一种同时考虑互信息和传感器校准的传感器路径规划算法——SRPA。本章提出的算法基于蚁群优化算法(Ant Colony Optimization,ACO),蚁群优化算法的灵感来自蚁群的社会行为,是一种被广泛使用的群体智能方法,常常被用于解决各种优化问题[255]。然而,传统的蚁群优化算法并不能满足与本章建立的应用场景对应的传感器路径规划问题中的数据校准约束条件。为了让 SRPA 算法能够更好地满足数据校准的约束条件,本章对蚁群优化算法进行了改进,如以下算法所示。SRPA 算法的目标是找到所有传感器的路径规划矩阵 $\boldsymbol{R}(\mathcal{T})$,使得所有时隙下的互信息之和——$\mathcal{T}$、$\mathrm{MI}(\mathcal{T})$ 最大化。

算法:SRPA 算法

输入:　部署在无人机上的传感器集合:$\mathcal{S}$;

　　　　时隙的集合:$\mathcal{T}$;

　　　　网格单元的集合:$\mathcal{L}$;

　　　　HQMS 所在网格单元的集合:$\mathcal{L}^*$;

　　　　传感器 s 可以测量的空气污染数据的集合:$\mathcal{A}_s$;

　　　　空气污染数据:a;

　　　　在时隙 t,位置 l_i 和 l_j 处的空气污染数据 a 值的相关系数:$k_t^a(l_i, l_j)$;

　　　　传感器 s 在时隙 t_1 的规划网格单元:$r_s(t_1)$。

1: 将 T 切分成 λ 个大小相同的子集 $t_1, t_2, \cdots, t_\lambda$,其中 $t_i \bigcap t_j = \varnothing, \forall i, j \in \{1, 2, \cdots, \lambda\}, t_1 \bigcup t_2 \bigcup \cdots \bigcup t_\lambda = T$

2: **for** $(i=1; i \leqslant \lambda; i++)$ **do**

3： 初始化 $\mathrm{MI}(\boldsymbol{t}_i)$、ant_iteration_num 和 ℓ_t^a，其中 $t \in \boldsymbol{t}_i$；

4： $\mathcal{S} = \mathcal{S}^*$

5： **while** $\mathcal{S}^* \neq \varnothing$ **do**

6：   **for each** $s \in \mathcal{S}^*$; **do**

7：   初始化 $\mathrm{MI}\_s(\boldsymbol{t}_i)$；

8：   初始化 $\boldsymbol{\tau}$；

9：   **for** $(k=1;k \leqslant \mathrm{ant\_iteration\_num};k++)$ **do**

10：   **for** $(j=1;j \leqslant \mathrm{ant\_num};j++)$ **do**

11：   受约束条件的影响，根据传感器 s 的初始位置以及转移概率矩阵 $\boldsymbol{\tau}$，生成 $\boldsymbol{r}_s(\boldsymbol{t}_i)$

12：   计算 $\mathrm{MI}^*(\boldsymbol{t}_i)$；

13：   **if** $\mathrm{MI}^*(\boldsymbol{t}_i) \geqslant \mathrm{MI}\_s(\boldsymbol{t}_i)$ **then**

14： $\mathrm{MI}\_s(\boldsymbol{t}_i) = \mathrm{MI}^*(\boldsymbol{t}_i)$；

15： $\boldsymbol{r}_s^*(\boldsymbol{t}_i) = \boldsymbol{r}_s(\boldsymbol{t}_i)$；

16：   **end**

17：   **end**

18：   基于 $\boldsymbol{r}_s^*(\boldsymbol{t}_i)$ 更新 $\boldsymbol{\tau}$；ant_iteration_num $--$；

19：   **end**

20：   **if** $\mathrm{MI}\_s(\boldsymbol{t}_i) \geqslant \mathrm{MI}(\boldsymbol{t}_i)$ **then**

21： $\mathrm{MI}(\boldsymbol{t}_i) = \mathrm{MI}\_s(\boldsymbol{t}_i)$；

22： $\boldsymbol{r}(\boldsymbol{t}_i) = \boldsymbol{r}_s^*(\boldsymbol{t}_i)$；

23： $s^* = s$；

24：   **end**

25：   **end**

26：   基于 $\boldsymbol{r}(\boldsymbol{t}_i)$ 更新 ℓ_t^a，其中 $\forall t \in \boldsymbol{t}_i$；

27：   将 s^* 从 $\mathcal{S}^*$ 中移除；

28：   **end**

29： **end**

30： $\boldsymbol{R}(\mathcal{T}) = [\boldsymbol{r}(\boldsymbol{t}_1), \boldsymbol{r}(\boldsymbol{t}_2), \cdots, \boldsymbol{r}(\boldsymbol{t}_\lambda)]^T$

31： $\mathrm{MI}(\mathcal{T}) = \sum_{i=1}^{\lambda} \mathrm{MI}(\boldsymbol{t}_i)$

32： 返回：$\boldsymbol{R}(\mathcal{T}), \mathrm{MI}(\mathcal{T})$；

为了降低计算复杂度，本章在 SRPA 算法中将 $\mathcal{T}$ 等分成 λ 个大小相等的子集 t_1，$t_2, \cdots, t_\lambda$，其中 $t_i \bigcap t_j = \varnothing$，$\forall i \neq j \in \{1, 2, \cdots, \lambda\} \wedge t_1 \bigcup t_2, \cdots, \bigcup t_\lambda = \mathcal{T}$。从而，SRPA 算法的目标就转化为找到 $\boldsymbol{R}(t_i)$，使得各时隙的互信息之和 $\mathrm{MI}(t_i)$ 最大化，其中 $\forall i \in \{1, 2, \cdots, \lambda\}$。由于传感器在 t_{i+1} 内的初始位置 $\boldsymbol{R}(t_{i+1})$ 受限于 $\boldsymbol{R}(t_i)$，该方法得到的并不是真正的最优解。

在蚁群优化算法的每次迭代(SRPA 算法的第 6 行到第 25 行)中，每只"蚂蚁"都会基于传感器 s 的初始位置以及转移概率矩阵 τ 生成一条路径 $r_s(t_i)$，该路径受限于约束条件(6-17)和约束条件(6-18)。每只"蚂蚁"都会根据以下公式来计算自己的互信息：

$$\sum_{t \in t_i} I(\boldsymbol{x}_t^e(\ell_t^a \bigcup r_s(t)), \boldsymbol{x}_t^e(L \backslash (\ell_t^a \bigcup r_s(t)))),$$
$$\forall a \in \mathcal{A}, \forall s \in \mathcal{S}, \forall t_i \subseteq \mathcal{T}, \forall r_s(t) \in \mathcal{L} \tag{6-27}$$

转移概率矩阵 τ 会在计算结束后使用当前具有最大互信息的路径进行更新。由于 SRPA 算法选出传感器(SRPA 算法的第 5 行到第 28 行)后，未被选择的传感器的互信息增益会发生变化，因此每当选出新的传感器和对应的路径时，转移概率矩阵 τ 必须被重新初始化。

每次外部循环(SRPA 算法的第 2 行到第 29 行)结束，SRPA 算法将得到所有传感器在 t_i 期间的近似最优路径规划 $\boldsymbol{r}(t_i)$ 以及与该路径规划对应的互信息 $\mathrm{MI}(t_i)$。从而 SRPA 算法可以在外部循环全部迭代完成之后获得近似最优的路径规划 $\boldsymbol{R}(\mathcal{T})$ 以及与之对应的互信息 $\mathrm{MI}(\mathcal{T})$，其中

$$\boldsymbol{R}(T) = [\boldsymbol{r}(t_1), \boldsymbol{r}(t_2), \cdots, \boldsymbol{r}(t_\lambda)]^T \tag{6-28}$$

$$\mathrm{MI}(\mathcal{T}) = \sum_{i=1}^{\lambda} \mathrm{MI}(t_i) \tag{6-29}$$

6.6　实验设计与结果分析

本节进行了一系列的仿真实验来评估提出算法的性能。

6.6.1　实验设计

仿真实验的参数设置如下：

(1) 时隙集合被设置为 $\mathcal{T} = \{t_1, t_2, \cdots, t_{960}\}$。

（2）参考相关论文的设置[229]，高斯随机场的大小被设置为 32^2，即感知区域由 32 行和 32 列的网格单元组成；网格单元集合被设置为 $\mathcal{L} = \{l_1, l_2, \cdots, l_{1\ 024}\}$，其中 $l_{(i-1)\times 32+j}$ 表示第 i 行第 j 列的网格单元。

（3）HQMS 的位置 $\mathcal{L}^*$ 被设置为 $\{l_{232}, l_{240}, l_{248}, l_{488}, l_{496}, l_{504}, l_{744}, l_{752}, l_{760}\}$。

（4）在高斯随机场中采用了最常用的 SE 核函数。核函数中的两个超参数被设置为 10。时隙 t 下网格单元 l 内空气污染数据 a 分布的均值 $m_t^a(l)$ 被设置为 50，其中 $\forall t \in \mathcal{T}$，$a \in \mathcal{A}$，$\forall l \in \mathcal{L}$。

（5）参考相关论文的设置[229]传感器的数量 M 被设置为 9。所有的传感器都可以感知目标空气质量 O_3，即 $\mathcal{A}_s = \mathcal{A} = \{O_3\}$，$\forall s \in \mathcal{S}$。

（6）所有传感器的初始位置坐标按照均匀分布生成。传感器与 HQMS 的最少碰面次数 λ 被设置为 24。

为了评估本章提出的方法，令 $U(\mathcal{S})$ 表示时空覆盖率的上限。为了保证准确性，每个传感器至少需要 N 冗余测量值以进行校准，因此有

$$U(\mathcal{S}) = \begin{cases} 1, & |\mathcal{S}| \times (T-N) > (L \times T_{\Delta t}) \\ \dfrac{|\mathcal{S}| \times (T-N)}{(L \times T_{\Delta t})}, & \text{其他} \end{cases} \tag{6-30}$$

值得注意的是，仅当值小于 100% 时 $U(\mathcal{S})$ 才有意义。

6.6.2 结果分析

（1）评估了未经校准的传感器的测量结果如何偏离 HQMS 测量的真实值。本章利用从 OpenSense Zurich[256] 下载的传感器读数的真实数据集进行评估。该数据集包含超过 20 万条数据，包括传感器读数（温度、湿度等气象数据，O_3、NO_2、NO、SO_2、VOC 和细颗粒等空气污染物数据）、数据收集的时间和地点（经纬度）等信息。虽然该数据集包含了大量数据，但是数据分布非常稀疏，如图 6-3 所示。HQMS 每分钟执行一次采样，而未校准的传感器每 10 分钟执行一次采样。

图 6-4 展示了通过 10 066 次测量生成的两个相同类型的未校准传感器的偏差分布。从图中可以看出，不同的传感器具有不同的偏差分布，并且低成本传感器在没有与 HQMS 碰面的情况下无法在数据收集期间自行校准。因此，为了获得高分辨率的空气污染分布图，传感器校准是必要的。

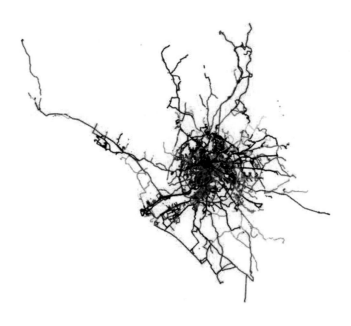

图 6-3　OpenSense Zurich 数据集中的数据分布

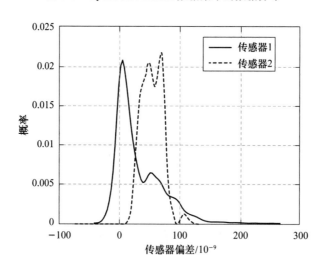

图 6-4　通过 10 066 次测量生成的两个相同类型的未校准传感器的偏差分布

传感器每次进行数据收集都存在着一定的偏差。从图 6-5 中可以看出,第一个传感器与第二个传感器的平均偏差分别为 32 和 54。因此,为了更好地模拟真实应用场景,对于无法满足校准条件的传感器,我们在其收集的数据中人为地添加了范围为 30～50 的随机噪声。

（2）将本章提出的方法与侧重于时空覆盖[134,242]的传统方法进行了比较。与传统方

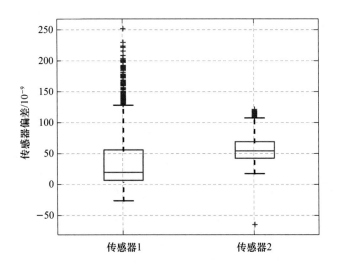

图 6-5　通过 10 066 次测量生成的两个同种类型的未校准传感器的平均偏差

法完全不同,本章提出的方法同时考虑了数据的时空覆盖和传感器的自身校准。如图 6-6
所示,即使使用 100 个传感器,传统方法也只能获得平均 47％的时空覆盖率。值得注意
的是,时空覆盖仅通过校准即可计算出准确的传感器测量值。在传统方法中,使用 100 个
传感器时,只能通过协作校准来校准平均 52％的传感器,所有测量均不准确的可能性为
14％。与传统方法相比,本章提出的方法仅使用 40 个传感器即可获得平均 69％的时空
覆盖率。尽管本章提出的方法无法达到 100％的时空覆盖率,但可以通过协作校准来校
准全部 40 个传感器。

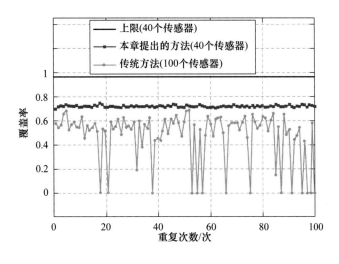

图 6-6　稳定性比较

（3）研究了传感器的数量对数据时空覆盖度的影响。从图 6-7（a）到图 6-7（f）,可以

观察到传感器数量从 10 到 100 时的影响范围不等。图中的颜色亮暗表示每个网格单元的时空覆盖度。如图 6-7(a)所示,当只有 10 个传感器时,除 4 个具有真实数据的网格单元(最亮)外,所有网格单元的时间覆盖度都非常低。可以很容易地看出,传感器数量的增加可以有效提高数据的时空覆盖度。

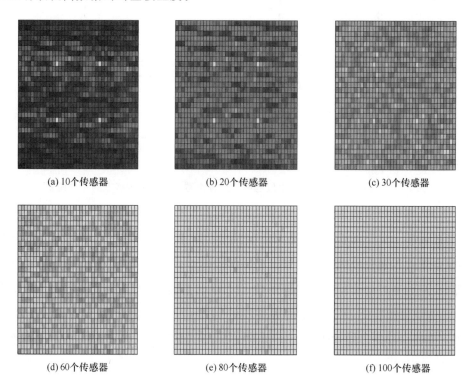

(a) 10个传感器　　　　　　　(b) 20个传感器　　　　　　　(c) 30个传感器

(d) 60个传感器　　　　　　　(e) 80个传感器　　　　　　　(f) 100个传感器

图 6-7　传感器的数量从 10 到 100 时的时空覆盖度

(4) 将本章提出的方法与现有方法进行了比较。现有方法[257]提出了一种传感器放置策略,可以获得接近最优的互信息。从图 6-8 可以看出,通过累积分布函数(CDF)将本章提出的方法与该方法相比,即使有校准约束,本章提出的方法仍然获得了接近最优解给出的平均 95% 的互信息。在 960 个时隙中,最坏的情况下,本章提出的方法可以实现现有方法所获得的 75% 的互信息。在最佳情况下,本章提出的方法可以获得 99% 的互信息。这再次表明,传感器校准在数据收集任务中能起到至关重要的作用。

(5) 评估了不同数量的传感器下网格单元的时间覆盖率的分布。从图 6-9 中可以观察到相应的累积分布函数。时空覆盖率随传感器的数量增加而增加。随着传感器的数量从 20 增加到 40,计算得到的所有网格单元的平均时空覆盖率从 38.91% 提高到69.05%。而当传感器的数量从 60 个增加到 80 个时,虽然传感器的数量增加了 33.3%,但平均时空覆盖率仅增加了 9%(从 87.15% 增加到 96.31%),即随着传感器数量的进一步增加,时空覆盖率的增加速度将显著降低。

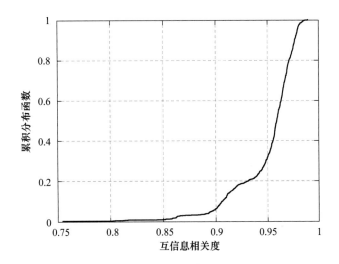

图 6-8　本章提出的方法与接近最优的解决方案

（由 960 个时隙的互信息生成）通过累积分布函数进行比较

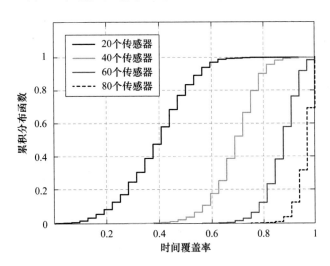

图 6-9　与不同时间覆盖率对应的累积分布函数

图 6-10 展示了数据重建的平均 RMSE 箱线图。其中，每个箱线图都是由 960 个时隙数据重建的平均 RMSE 生成的，其中 HQMS 的箱线图所用的数据为 HQMS 采集的真实空气污染数据。从图 6-10 可以看出，本章提出的方法平均减少了传统方法[257]83% 的数据重建的 RMSE。同时，由于低精度传感器未经校准，因此在考虑数据精度的情况下，用传统方法进行数据重建时的 RMSE 比只用高精度传感器还多 107%。

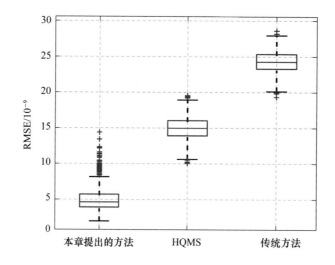

图 6-10　数据重建的平均 RMSE 箱线图

（6）评估了传感器数量对数据重建 RMSE 的影响。从图 6-11 可以看出，当传感器的数量从 6 个增加到 18 个时，本章提出的方法可以有效降低 RMSE。相反，随着传感器数量的增加，传统方法获得了更高的 RMSE。因此，当传感器的测量结果不准确时，最好不要使用测量结果进行数据重建。图 6-11 中的每个框代表由 960 个时隙生成的平均 RMSE 分布。因此，若低成本传感器无法满足与 HQMS 碰面的要求，就无法进行自我校准。

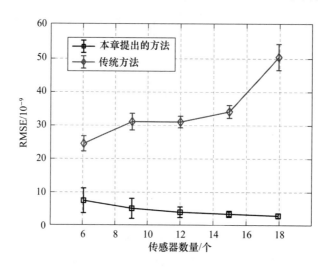

图 6-11　传感器数量对数据重构的 RMSE 的影响

（7）在具有 8 GB RAM、i5-8500 CPU 的台式机上评估本章提出的方法的性能。将每次试验重复 10 次，取平均值作为最终结果。从图 6-12 可以看出，随着迭代次数的增加，本章提出的方法所消耗的时间并没有迅速增加。为了进一步减少算法的执行时间，如果数据收集不需要达到非常高的精度,则可以适当减少迭代次数、地图网格或时隙的数量。

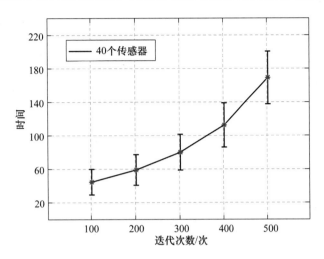

图 6-12　算法性能

（8）评估了数据重建的效果,即 3 种条件下的空气污染图,并将本章提出的方法与传统方法进行了比较。图 6-13 为随机选择时隙的数据重构结果,可以看出,本章提出的方法能够较为准确地还原当前环境中的空气污染情况,而传统方法的效果则不尽如人意。因此,传感器的校准对于环境数据采集工作具有至关重要的作用。

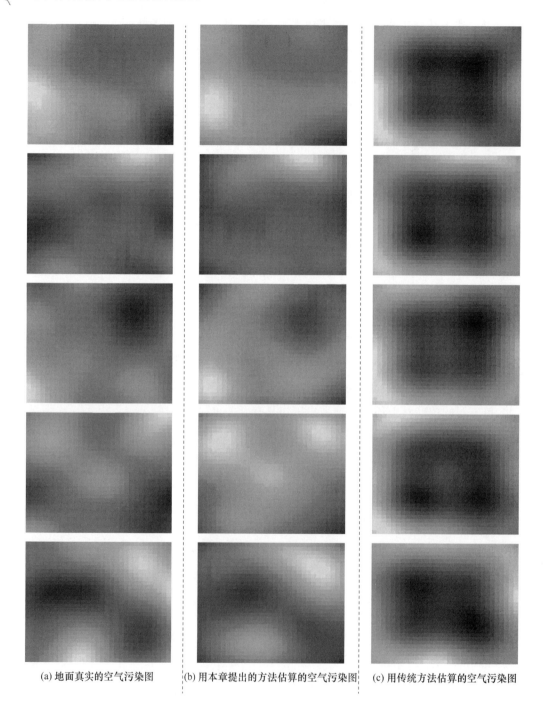

(a) 地面真实的空气污染图　　(b) 用本章提出的方法估算的空气污染图　　(c) 用传统方法估算的空气污染图

图 6-13　数据重建结果

第 7 章
基于深度学习的无人机调度规划

7.1 引 言

群智感知在智慧城市等很多领域都有广泛的应用,而无人机(Unmanned Arial Vehicles,UAVs)、无人驾驶汽车(self-driving cars)等无人驾驶设备(unmanned vehicles)的出现又进一步拓宽了群智感知的应用范围。与智能终端用户等群智感知中的传统感知节点不同,无人驾驶设备可以携带更高精度的传感器,达到人类无法或难以到达的区域。因此,引入无人驾驶设备,群智感知可以进一步在中/远距离导航[258],2D、3D科学制图,农作物特征检测,野生生物监视,紧急救援等新领域发挥更大的作用。

同时,物联网技术正推动着车辆自组织网络(VANET)向车辆互联网(IoV)的方向发展[259]。随着自动驾驶,智能运输,通信技术等在物联网中的深度使用,不同的车辆可以将所需的感知数据上传到云,云服务器将可以利用这些感知数据解决更多的问题,提供更多的服务,如从通过对静态实时交通状况数据的计算来进行交通状况预测以及为车辆提供更精准的导航服务。此外,随着 5G 等高速移动网络的发展,配备专业传感器或物联网设备的无人机可以用于执行更复杂的任务,如实时获取核电厂的辐射水平数据[260]等。

由于无人驾驶设备的电量有限,当无人机作为群智感知的感知节点时,其不能够独立完成大规模、长时间的感知任务;同时受重量的限制,为了能够保证无人机自身足够灵活,也不能无限地增大其电池系统[261]。因此,在执行长周期、远距离的任务时,充电站对于群智感知系统中的无人机来讲具有很高的实用意义和使用价值。然而,很多城市经过长年的发展,已经变得拥挤不堪,难以在道路周边等位置为无人机设置固定的充电站点。但我们可以将无人驾驶汽车用作移动的无人充电车,无人充电车可以定期在城市中巡逻,按时到达一些预设好的地点,等待无人机飞来并为无人机充电。无人机可以在充电过程中继续进行数据感知,并在充电结束后飞离无人充电车继续进行拟定的感知任务。

虽然无人充电车的使用可以进一步增大群智感知系统的应用范围,但群智感知系统需要在调度无人机的同时调度无人充电车,随着时间的流逝,收集到的传感数据(例如环境参数、交通流量状况等)不断变化,而群智感知系统往往需要在数据收集期间通过管理员手动控制这些车辆,这无疑会消耗大量的人力、物力。针对上述情况,本章建立了一个类似的应用场景,如图 7-1 所示,并以此开展研究工作。在本章设定的应用场景中,假定城市中有一些优先级不等的区域需要进行数据收集,感知任务的约束包括时间、数据质量等。本章也设定了两种可移动的无人驾驶感知节点:无人机以及无人充电车,其中无人机可以在感知区域内飞行,携带完成感知任务所需的传感器,用于环境数据收集;无人充电车可以在感知区域内行驶,并根据需求提前到达设定好的充电地点,为无人机充电。本章还假设无人机从初始的预设位置出发,四处飞行以收集数据,但必须在电池电量耗尽前返回初始位置(称为"能耗约束的无人机感知")。与有人类参与的群智感知系统不同,无人机感知系统需要及时了解无人机在感知区域中的飞行轨迹,而不是在任务结束后再通过无人机收集的数据来反向推测无人机的历史轨迹,而且不需要加入任何的隐私保护等策略。而为了保障无人机的安全,需要安排无人充电车在最短的时间内到达指定的充电地点,但由于无人充电车在公路上行驶,会受到交通状况等因素的影响,如果调度不当,无人充电车会"迟到",从而导致无人机坠毁。

本章的目标是在感知区域、感知任务和充电点的位置确定的情况下,提出一种可以为无人机进行感知任务和无人充电车进行充电任务提供最佳路线的高效算法。深度强化学习(Deep Reinforcement Learning, DRL[147])的最新研究成果提供了一种可实现有效控制的技术方案。尽管深度强化学习在具有有限动作空间(例如,向上/向下/向左/向右移动)的游戏中取得了巨大的成功,但尚未有关于如何将其应用于最佳资源分配领域的研究。这是因为比较复杂的网络常具有复杂的状态和巨大的动作空间。但深度强化学习能够在拟定的应用中可以用于控制无人机与无人充电车,这是因为:(a)与其他动态系统控制技术(如基于模型的预测控制)相比,深度强化学习的优势在于其可以是无模型的、不依赖于精确且可数学求解的系统模型(如队列模型),从而增强了它在具有随机和不可预测行为的复杂网络中的适用性;(b)深度强化学习能够应付高度动态的时变环境,如时变的系统状态和需求;(c)深度强化学习能够处理复杂的状态空间,并且比传统的强化学习(Reinforcement Learning,RL)更具优势。

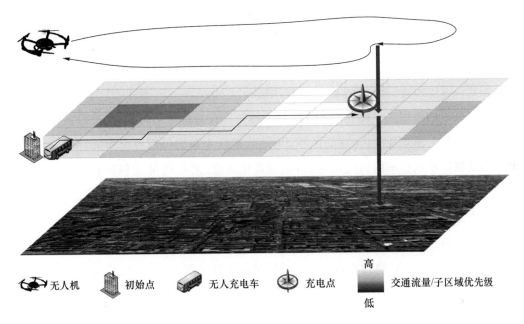

图 7-1　基于无人驾驶设备的群智感知应用场景

为此,本章提出了一种新颖且高效的、基于深度强化学习的无人驾驶设备控制架构。本章的贡献总结如下:

(1)提出了一种高效实用的基于深度强化学习的无人驾驶设备控制架构,称为"DRL-RVC",用于群智感知系统中长周期、远距离的感知任务。

(2)提出了一种基于深度强化学习的巡航控制算法,用于无人机在感测区域内巡航以收集优先级最高的环境数据样本。

(3)提出了一种基于深度强化学习的移动无人充电车快速路径决策算法,该算法将充分参考现实环境的交通状况以及所需的时间和空间成本。

(4)使用意大利罗马出租车的真实轨迹数据集进行了多组实验,对本章提出的算法进行了验证,实验结果证明了本章提出的算法的有效性和鲁棒性。

7.2　系　统　模　型

本节介绍了群智感知系统的应用场景和算法模型。设定二维区域$\mathcal{L}$为目标感知区域，如图7-1所示。系统由初始点、无人充电车o、无人机m、预设的充电点以及一组感知任务组成。感知区域$\mathcal{L}$被分为l个子区域，用$\mathcal{L} \stackrel{\triangle}{=} \{l=1,2,\cdots,L\}$表示，其中每个子区域与感知任务所需的数据采样优先级相关。每个感知任务持续t个时隙/决策时期。在群智感知系统发布的感知任务（与感知区域$\mathcal{L}$中的数据分布和优先级要求相关）中，不同子区域中的数据样本具有不同的优先级。在数据收集阶段，无人机m应该以有限的能量尽可能多地收集优先级较高的数据样本。

对于无人机m，由于速度有限，认为它可以在一个时隙内从当前子区域飞至相邻的另一个子区域。无人机从起点处出发，具有一定的能量约束，用e_m来表示。为了进一步简化问题，本章将e_m转换为在每个子区域能耗固定的情况下，无人机可以飞过的子区域的数量。

对于无人充电车o，子区域的交通流量用f表示，且每个子区域l都具有不同的交通流量。无人充电车o的达到时间也是受约束的，用e_o表示。在本章建立的场景中，当从初始点到预设充电点调度无人充电车时，需要考虑交通流量的影响，如果无人充电车o通过某些子区域，则会有不同的能耗（时间）。

采用$\mathcal{S}=\{s=1,2,3,\cdots,S\}$表示系统状态空间，包括每个子区域的数据采样优先级（表示为$\mathcal{P}=\{p=1,2,3,\cdots,P\}$）、每个子区域的被访问信息（无人机或无人充电车是否曾经访问过该子区域）、无人充电车的确切充电点位置（用c表示），以及无人机和无人充电车已移动的步数（子区域的数量）。当确定某一时隙前的状态时，本章的模型将根据系统状态空间做出决策，即确定无人机和无人充电车需要执行的动作（或移动的方向），用$\mathcal{A}=\{a=1,2,3,\cdots,A\}$表示。无人机和无人充电车采取行动后，获得的奖励（可为正数或负数）用$\mathcal{R}=\{r=1,2,3,\cdots,R\}$表示，并且系统状态空间将相应地更新。

7.2.1　系统流程

在模型训练过程中，如图7-2所示，本章提出的算法在每个时隙前做出决策。在每个决策计算过程中，使用CNN提取当前地图的特征（针对无人机和无人充电车，分别使用数据样本优先级分布或交通流状况作为输入),然后将提取的特征、无人机或无人充电车的位置以及它们的剩余电量和能量约束(最大移动步数)作为全连接层的输入,最终得到动作决策。在执行动作后,就可以获得下一个系统状态和与动作对应的奖励。

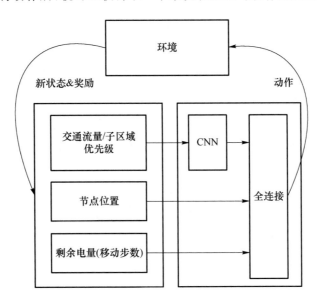

图 7-2　系统流程图

7.2.2　基于卷积神经网络的特征提取

由于强大的特征提取和构建能力,作为一种性能和效果优良的自动特征构建模型,卷积神经网络(CNN)在各种计算机视觉任务上都展现出了十分出色的性能。许多基于CNN 的算法和模型被广泛用于图像分类[161]、目标检测[163]、图像内容分析[165]等任务。这些基于 CNN 的算法和模型可以根据输入图像自动生成大量特征,通过卷积减少参数数量,并通过池化操作防止模型过拟合。

在群智感知中,本章通常使用基于 n 步马尔可夫决策过程(Markov Decision Process,MDP)的算法来预测参与者的轨迹,能够考虑的步长越多,则可以获得的结果往往越好。本章使用基于深度强化学习的算法来生成无人机收集数据的动作,这也可以被认为是一种轨迹预测算法。对于本章的模型而言,最重要的输入是二维地图(已离散化为数字图像)和当前感知区域的状态,模型能够直接获得感知区域的相关性。此外,由于CNN 在许多计算机视觉和机器学习问题(尤其是与图像相关的任务)中均表现出出色的性能,当 CNN 用于计算不同动作的奖励时,考虑附近位置的状态,本章的模型可以预测出更好的动作,同时加快训练过程。

因此,需要考虑在群智感知的数据收集过程中利用CNN进行无人充电车的动作决策。一种相对简单的算法是将交通流量和所需样本的分布作为静态图像,并应用CNN分析各个时隙前的状态。但是,这种算法没有考虑多个连续时隙中的动态可变信息。由于本章的应用场景中感知区域的划分以及每个子区域中的交通流或数据样本的优先级都非常重要,因此本章提出的算法不适合使用最大池化算法,以防止损失必要的信息。基于CNN的模型的另一个优势是,其前馈特性使得识别阶段的效率非常高。因此,在本章的基于深度强化学习的架构中应用CNN可以加快模型的收敛速度。此外,使用CNN提取相邻子区域的信息,还可以在模型训练期间进一步提高模型的收敛速度。

7.3 基于深度强化学习的解决方案

7.3.1 深度强化学习技术

强化学习(Reinforcement Learning,RL)[262]与人们常说的深度学习不同,但仍然可以将其视为一种机器学习算法。强化学习通常用于顺序决策,用于学习与未知环境交互时的对应策略。借鉴于行为主义心理学。与有监督学习和无监督学习的目标不同,算法要解决的问题是智能体(agent,运行强化学习算法的实体)在环境中怎样执行动作以获得最大的累计奖励。例如,对于无人驾驶汽车,强化学习算法控制汽车的动作,保证安全行驶到目的地;对于围棋算法,算法要根据当前的棋局来决定如何走子,以赢得这局棋。对于自动行驶的汽车,环境是由车辆当前行驶状态(如速度)、路况这样的参数构成的系统的抽象,奖励是我们期望得到的结果,即汽车正确的在路面上行驶,到达目的地而不发生事故。很多控制、决策问题都可以抽象成这种模型。和有监督学习类似,强化学习也有训练过程,需要不断地执行动作,观察执行动作后的效果,积累经验形成一个模型。与有监督学习不同的是,这里每个动作一般都没有直接标定的标签值作为监督信号,系统只给算法执行的动作一个反馈,这种反馈一般具有延迟性,当前的动作所产生的后果在未来才会完全体现;另外,未来还具有随机性,例如,下一个时刻路面上有哪些行人、车辆在运动,算法下一个棋子之后对手会怎么下,都是随机的而不是确定的。对于围棋算法,当前下的棋产生的效果,在一局棋结束时才能体现出来。

在强化学习中,一个模型训练的步骤(周期)为:首先观察当前的环境状态,针对当前的环境状态采取某种策略,并执行策略中的操作或动作,观察操作或动作所带来的奖励和新的环境状态。系统会保存当前状态、动作、奖励以及新状态这些数据,并使用它们来优化策略。经过足够数量的训练步骤后,模型将能够找到解决问题的某种策略。基于强化学习的算法在学术界和工业界越来越受欢迎,许多研究人员发现强化学习擅长"玩游戏",例如围棋游戏、红白机游戏,等等。基于强化学习的算法通常需要考虑两个基本问题,即如何评估问题以及如何为该问题找到最佳策略。

所有这些问题总结起来都有一个特点,即智能体需要先观察环境和自身的状态,然后决定要执行的动作,以达到目标。智能体是强化学习的动作实体。对于自动驾驶的汽车,环境是当前的路况;对于围棋,状态是当前的棋局。在每个时刻,智能体和环境都有自己的状态,如汽车当前的位置和速度,路面上的车辆和行人情况。智能体根据当前状态确定一个动作,并执行该动作。之后,它和环境进入下一个状态,同时系统给它一个反馈值,对动作进行奖励或惩罚,以迫使智能体执行期望的动作。强化学习是解决这种决策问题的一类方法。算法要通过样本学习得到一个映射函数,称为策略函数,其输入是当前时刻的环境信息,输出是要执行的动作。强化学习要解决的问题一般来说可以被抽象成马尔可夫决策过程。马尔可夫决策过程的特点是系统下一个时刻的状态由当前时刻的状态决定,与更早的时刻无关。与马尔可夫决策过程不同的是,在强化学习中智能体可以执行动作,从而改变自己和环境的状态,并且得到惩罚或奖励。

在群智感知中,要解决的关键挑战大多是策略的问题,例如,如何选择最佳参与者进行数据采集,如何在数据收集过程中保护参与者的隐私安全,如何分配激励以提高参与者的参与热情,等等,这些都可以不同程度地利用基于强化学习的算法的优势。与其他算法(例如 MDP)相比,基于强化学习的算法的最大优势在于训练后的模型可以解决极其复杂的问题并在很短的时间内给出解决方案,但是强化学习模型的训练过程仍需要大量的时间和计算资源。

要学习控制系统的策略,也需要类似的流程:当在环境 X 中明确了其状态 $s(s\in S)$ 时,系统做出决策,基于最大化收益的目标,根据奖励函数 $r(s,a)$ 为系统提供需要执行的动作 $a(a\in A)$[154],执行动作得到下一个状态 s'。对于每个决策时期 t,系统观察当前的环境状态 s_t,采取动作 a_t 并获得奖励 r_t。在这个过程中,系统决策的依据和目的是最大化预期收益的总和,并找到一个将状态映射到动作(确定性)或动作的概率分布的策略 $\pi(s)$,其目标是折现累积奖励 $R_0 = \sum_{t=0}^{T} \gamma^t(s_t,a_t)$,其中 $r(\cdot)$ 是奖励函数,$\gamma \in [0,1]$ 是折扣系数。同时,也可以使用多种无模型和基于模型的算法来优化预期收益 R。

1. 不同类型的强化学习

有两种类型的标准强化学习算法[263]:

基于模型(model-based)的强化学习算法[264]通过与现实世界的反复试错来学习一个可用于现实世界的模型,然后在所学习的模型上计算最佳的动作和价值。当任务开始时,$\Pr(s_t+1|s_t,a_t)$是已知的,或者可以使用某些学习模型 $\Pr(s_t+1|s_t,a_t)$ 计算得到。智能体,如我们建立的应用场景中的无人机和无人充电车,要么知道有关状态转换和奖励的所有相关概率信息,要么知道此信息如何依赖于过去的事件,或者通过观察来估计此信息以确定动作和奖励,可以选取的算法包括经典动态规划或其他类似的优化算法。基于模型的强化学习算法的优点是需要进行的探索次数较少。

无模型(model-free)的强化学习算法通过与现实世界的反复试错来学习最佳行动和价值,而无须建立明确的模型。在任务开始时,$\Pr(s_t+1|s_t,a_t)$是未知的,由智能体直接计算策略,不通过除当前环境状态和下一环境状态外的其他已保存经验来预测动作和奖励;例如,利用策略梯度法[265]和在物理控制应用中使用函数逼近[266]进行值函数或 Q 函数学习。策略梯度法为强化学习提供了一种简单且直接的算法,该算法可以更好地解决高维问题,但可能需要大量样本来进行训练[267]。一般来讲,使用值函数或 Q 函数近似值的非策略算法可以实现更高的效率[153]。

2. 深度强化学习

DeepMind 提出了深度强化学习[147],并将其用于学习玩 Atari 游戏的模型。该模型由 Q-learning 和基于高维感知输入的端到端控制系统来驱动。在训练过程中,DeepMind 利用被称为 DQN(Deep Q-Learning)的深度神经网络来计算受控制系统的每个状态动作对 (s_t,a_t) 和其值函数 $Q(s_t,a_t)$ 之间的相关性。因此,对状态 s_t 执行操作 a_t 后,描述预期奖励的策略 π 的值函数定义为

$$Q(s_t,a_t)=\mathbb{E}\left[R_t|s_t,a_t\right] \tag{7-1}$$

其中,$R_t=\sum_{k=t}^{T}\gamma^k r(s_t,a_t)$。常用的离线策略算法采用贪婪策略 $\pi(s_t)=\arg\max_{a_t}Q(s_t,a_t)$。此外,DQN 在模型训练中可以使用以下损失函数:

$$L(\theta^Q)=\mathbb{E}\left[y_t-Q(s_t,a_t)|\theta^Q\right] \tag{7-2}$$

其中,θ^Q 是 DQN 的权重向量,y_t 是目标值:

$$y_t = r(s_t, a_t) + \gamma Q(s_{t+1}, \pi(s_{t+1} | \theta^\pi) | \theta^Q) \tag{7-3}$$

由于非线性函数逼近器（例如神经网络）的表现并不稳定，使用 DNN 作为强化学习中的函数逼近器可能会带来未知的问题。因此，本章引入了经验中继和目标网络[147]来提高系统的稳定性。与传统的强化学习不同，深度强化学习智能体使用来自经验回放缓冲区的最小批次来更新 DNN，该缓冲区存储了在模型训练过程中收集的训练样本。与仅使用立即收集样本（例如原始的 Q-learning）的方式相比，从经验回放缓冲区中随机抽取采样进行模型训练可以使深度强化学习智能体打破与顺序生成样本之间的相关性，并使用更独立且分布更均匀的历史经验来进行模型训练，这是大多数训练算法（如随机梯度下降）所需要的。因此，经验回放可以使模型训练变得顺畅，并避免在训练中出现振荡或发散的现象。此外，深度强化学习的智能体利用单独的目标网络（具有与 DQN 相同的结构）来估算用于训练 DQN 的目标值，其参数在训练过程中会随着 DQN 权重而缓慢更新，并且在两次更新之间保持固定。

7.3.2　调度问题定义

本节介绍无人机和无人充电车的控制问题。随着时间的流逝，由于感知需求在连续的任务中会呈现一直变化的特点，为了使智能体能够学会自动找到最佳路线，有必要让它们知道目标区域内的必要环境状态。而本章建立的应用场景最核心的内容包括感知区域（一张面积为 $n \times n$ 的地图）、一个预设的充电点、无人机和无人充电车的初始点（始终位于地图的左下方）。

本章研究的问题可以在提供足够的状态空间的情况下，使用标准的深度强化学习模型来解决路径规划问题。由于潜在的交通状况和子区域的优先级总在变化（经过某子区域后，该子区域的优先级短期内会降低），因此使用经典的 Q 表以及马尔可夫决策过程都无法满足全局任务需求。此外，如果感知区域变大，或者将地图划分为更多的子区域，则传统 Q 表所需的存储空间将过于庞大而无法有效处理。因此，有必要使用具有神经网络的深度强化学习而不是使用查找 Q 表来解决我们的问题。

1. 考虑充电点的无人机巡航路线学习

由于无人机在数据收集过程中一直在空中飞行，不受地面交通状况的影响，但它们依然受到电池电量的限制。因此，希望能够使无人机在有限的电池下始终维持数据采集状态，同时尽可能多地收集优先级较高区域的数据样本。为了解决这个问题，一方面，本章使用交通流信息作为子区域的数据样本优先级来生成感知地图进行模型训练;另一方面,为了解决数据集中数据量较少的问题,本章还随机生成一些实验图作为补充。

2. 考虑交通状况的无人充电车快速路线学习

与无人机不同,无人充电车受地面交通状况的影响,同时也受其电池电量的限制(但由于无人充电车还将为无人机充电,因此在本章中将无人充电车的电量视为在不同子区域内行驶消耗的时间)。因此,无人充电车的目标是:尽可能绕过拥挤的子区域并最快到达预设充电点的位置。

这里,给出基于深度强化学习的无人机和无人充电车的控制算法,以解决上文所述的问题。首先,需要为深度强化学习模型定义状态空间、动作空间和奖励。

状态空间:包括每个子区域的信息(子区域优先级、无人机是否曾经访问过该子区域)、无人机和无人充电车的确切位置以及它们已经移动的步数,表示为 $s=\{(p_k,v_k,t_k,c_k)|k=1,2,\cdots,K\}$。

动作空间:动作被定义为无人机和无人充电车控制问题的方法,即无人机和无人充电车需要飞行/移动的方向。形式上可以表示为 $a=\{a_1,a_2,\cdots,a_k,\cdots,a_K\}$。

奖励:无人机和无人充电车控制问题的目标。奖励的计算需要考虑到每个子区域的优先级。同时如果在"没电"之前没有返回初始点或到达充电点,奖励将会是一个负数。表示为 $r=\{r_1,r_2,\cdots,r_k,\cdots,r_K\}$。

值得注意的是,状态空间、动作空间和奖励的设计对于深度强化学习具有至关重要的意义。上述设计很好地考虑了无人机的感知数据收集状态和无人机、无人充电车控制问题的关键组成部分,而不包括无用或者多余的信息。无人机和无人充电车对应的算法将分别在 7.3.3 节和 7.3.4 节中描述。

无人机和无人充电车的控制问题显然是一个连续的控制问题,基于 DQN 的常规深度强化学习算法无法正常工作[147]。本章认为这是由以下两个原因造成的:(a)基于深度强化学习算法的架构没有明确规定如何探索[153],即一种简单的基于随机噪声的方法或针对物理控制问题建议的探索方法不适用于无人机和无人充电车的控制问题;(b)基于深度强化学习的算法使用简单的统一采样方法进行经验回放,而忽略了经验回放缓冲区中样本的重要性。

为了解决上述两个问题,本章提出了两种基于深度强化学习的优化算法,用来实现对无人机和无人充电车的控制,具体内容包括在探索过程中用最佳控制解决方案作为基准;在网络模型训练中考虑经验回放缓冲区内样本的优先级。探索是训练深度强化学习模型必不可少的重要过程,在模型训练开始时,由于训练样本不足,系统需要先进行尝试以在获取一定数量的训练样本后再开始模型训练。对于连续控制问题,探索规则的制定是颇具挑战性的,因为在每个决策时期都可以选择无数个动作,并且常用的 ε-greedy 算法[147]仅适用于具有有限离散动作空间条件的任务(显然不适用于无人机和无人充电车的控制问题)。基于深度强化学习的算法往往是通过将随机噪声添加到当前网络的返回值中生成用于探索的动作,从而可以有效提高算法的探索率。

对于探索规则的制定,本章提出了一种新的随机算法用于无人机和无人充电车的控制问题。具体而言,在探索过程中,无人机和无人充电车以概率 ε 得出一个随机动作,而以概率$(1-\varepsilon)$得出一个为 $a+\varepsilon \cdot N$ 的动作,其中 a 是网络 $\pi(\cdot)$ 的输出,ε 是可调参数,N 是均匀分布的随机噪声。ε 可以权衡探索和样本利用,具体的方法为在动作中添加额外的随机噪声,而不是直接使用网络生成的动作。ε 随决策时期 t 的递增而衰减,这意味着随着训练迭代次数的增加,将采取更多的网络生成(而非随机)的动作。

7.3.3 考虑充电点的无人机巡航路线规划算法

本节介绍考虑充电点的无人机巡航路线规划算法——DRL-RVC。在任务开始时,随机初始化 DQN 的参数并在地图的左下角设置了初始点以及右上角的充电点。在每个决策时期之前,生成一个随机数 n,如果其值小于 ε,就对无人机进行随机操作(向随机方向移动),或使用根据当前系统状态 s、剩余电量水平 e_m 和无人机的当前位置z_m 计算得出的网络输出,然后观察下一个系统状态 s'、剩余电量水平 e'_m、无人机的下一个位置 z'_m,以及执行上述动作 a 后获得奖励 r,如下所示:

(1)如果动作 a 导致无人机离开感知区域,就会让无人机停留在该当前子区域,并给予一个负数的奖励 r;

(2)如果剩余电量水平 e'_m 首次低于设置的危险值,并且无人机未达到充电点 c,就重新开始训练并给予一个较大负数的奖励 r;

(3)如果剩余电量水平 e'_m 第二次低于设置的危险值,并且无人机未返回初始点 g,就重新开始训练并给予一个较大负数的奖励 r;

(4)如果之前未访问下一个位置 z'_m,就按 z'_m 的优先级给予奖励 r,否则 r 值为 0。

算法:考虑充电点的无人机巡航路线规划算法

1: **while** True **do**

2:　　　获取当前状态 s、剩余电量水平 e_m、当前位置 z_m;

3:　　　生成随机数 n;

4： **if** $n < \varepsilon$ **then**

5：   生成一个随机动作 a;

6： **else**

7：   获取网络生成动作 $a + \varepsilon \cdot N$;

8： **end if**

9： 降低 ε 的值

10： 获取下一个状态 s'、剩余电量水平 e'_m、下一个位置 z'_m、获得的奖励 r。如果执行动作 a:

11： **if** 动作 a 会让无人机离开感知区域 **then**

12：   让无人机停止不动;

13：   给予一个较小的负值奖励 r;

14： **end if**

15： **if** e'_m 低于设置的危险值 **then**

16：   **if** z'_m 不是 c **then**

17：   给予一个较大的负值奖励 r,重置参数,生成新的地图 $\mathcal{P}$;

18：   **end if**

19： **end if**

20： **if** e'_m 第二次低于设置的危险值 **then**

21：   **if** z'_m 不是 g **then**

22：   给予一个较大的负值奖励 r,重置参数,生成新的地图 $\mathcal{P}$;

23：   **end if**

24： **end if**

25： **if** z'_m 没有被无人机访问过 **then**

26：   给予一个值为 z'_m 优先级的奖励 r;

27： **end if**

28： 通过 s'、e'_m 和 z'_m 获取最大 Q 值的 v;

29： 保存 s、e_m、z_m、s'、e'_m、z'_m、r 和 v 到经验缓冲区;

30： **if** 缓冲区的大小超过了最大值 **then**

31：   丢弃最早的一条记录;

32： **end if**

33： **if** 如果缓冲区的大小超过批次大小 W **then**

34：   随机选择 W 记录;

35：   **if** e'_m 大于记录中的数值 **then**

36：   根据 $\gamma \cdot v$ 增加 r 的值；

37：   **end if**

38：   训练网络；

39：   **end if**

40：   执行动作 a；

41：   **if** z'_m 没有被无人机访问过 **then**

42：   设置 z'_m 的优先级为 0；

43：   **end if**

44：   **if** e'_m 低于设置的危险值 **then**

45：   重置参数，生成新的地图 $\mathcal{P}$；

46：   **end if**

47：   每 1 000 次迭代保存一次网络参数；

48：**end while**

保存 s，e_m，z_m，a，s'，e'_m，z'_m，r，并通过网络输出"本次训练是否结束"等这些信息到经验回放缓冲区。如果已经积累了足够的训练样本，就从经验缓冲区中随机提取最小批次的样本来训练网络参数。不管是否进行了训练，都将对无人机执行上述动作 a，更新状态并保存所有必要的参数。

7.3.4 考虑交通状况的无人充电车快速路径规划算法

本节介绍考虑交通状况的无人充电车快速路径规划算法。该算法与 7.3.3 节中描述的算法只存在一些细节上的不同：(a)根据交通状况计算系统状态；(b)无人充电车无须返回初始点 g。

算法：考虑交通状况的无人充电车快速路径规划算法

1：**while** True **do**

2：   获取当前状态 s、剩余电量水平 e_m、当前位置 z_m；

3：   生成随机数 n；

4：   **if** $n < \varepsilon$ **then**

5：   生成一个随机动作 a；

6： **else**

7： 　　　　获取网络生成动作 $a + \varepsilon \cdot N$；

8： **end if**

9： 降低 ε 的值

10： 获取下一个状态 s'、剩余电量水平 e'_m、下一个位置 z'_m、获得的奖励 r。尝试执行动作 a：

11： **if** 动作 a 会让 m 离开感知区域 **then**

12： 　　　　让 m 停止不动；

13： 　　　　给予一个较小的负值奖励 r；

14： **end if**

15： **if** e'_m 低于设置的危险值 **then**

16： 　　　**if** z'_m 不是 c **then**

17： 　　　　　给予一个较大的负值奖励 r，重置参数，生成新的交通状态图 $\mathcal{F}$；

18： 　　　**end if**

19： **end if**

20： 给予一个值为 z'_m 交通状况负值的奖励 r；

21： 通过 s'、e'_m 和 z'_m 获取最大的 Q 值 v；

22： 保存 s、e_m、z_m、s'、e'_m、z'_m、r 和 v 到经验缓冲区；

23： **if** 缓冲区的大小超过了最大值 **then**

24： 　　　　丢弃最早的一条记录；

25： **end if**

26： **if** 缓冲区的大小超过批次大小 W **then**

27： 　　　　随机选择 W 记录；

28： 　　　**if** e'_m 大于记录中的数值 **then**

29： 　　　　　根据 $\gamma \cdot v$ 增加 r 的值；

30： 　　　**end if**

31： 　　　　训练网络；

32： **end if**

33： 执行动作 a；

34： **if** z'_m 没有被无人机访问过 **then**

35： 　　　　设置 z'_m 的优先级为 0；

36： **end if**

37： **if** e'_m 低于设置的危险值 **then**

38：　　　　重置参数，生成新的交通状态图 $\mathcal{F}$；
39：　**end if**
40：　每 1 000 次迭代保存一次网络参数；
41：**end while**

7.4　实验设计与结果分析

本节首先介绍实验设置、使用的数据集，然后介绍实验结果并进行讨论分析。本章的仿真实验是在带有两块 NVIDIA TITAN XP 显卡的 Ubuntu 16.04.3 服务器中进行的，使用的软件为 Tensorflow 1.3[268] 和 Python 3.5。

7.4.1　实验设计

仿真实验使用了意大利罗马出租车的真实轨迹数据集[212]，该数据集包含在 30 天内收集的大约 320 辆出租车的 GPS 轨迹，如图 7-3 所示。每条轨迹都由不同数量的 GPS 记录点组成，每一个记录点都包含时间戳（日期和时间）、出租车的司机 ID 以及出租车位置（纬度和经度）。仿真实验的参数设置如下：

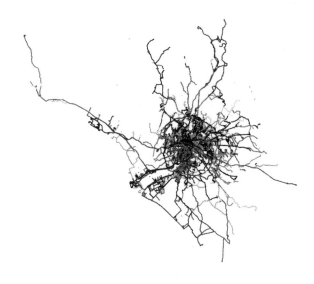

图 7-3　意大利罗马出租车轨迹数据集

（1）由于所有轨迹都散布在罗马的不同地区，且轨迹对应的 2 000 万个 GPS 记录点分布非常不均匀，因此我们选取了罗马内部的某块约 500 m×500 m 的区域。图 7-4(a) 显示了所选区域的其中一个子区域（下称所选子区域）内的 GPS 记录点以及对应的交通状况。

（2）为了简化仿真实验的计算量，所选子区域被划分为图 7-4(b) 所示的 5×5 个 100 m×100 m 的子区域，即 $L=25$。由于选择的轨迹及地图数量仍然太少而无法进行模型训练，因此在模型训练过程中使用了大量随机生成的地图，在算法评估中使用了 10 000 张随机生成的地图和数据集中的一些真实地图。假设每个子区域中的 GPS 记录点数量为该子区域交通流量的计算条件。

（3）在地图的左下角设置了起始点（无人机和无人充电车的起点），在地图的右上角设置了充电点（无人充电车的终点以及无人机的充电点）。无人机的初始剩余电量水平被设置为仅供无人机越过 8 个子区域（之后必须到达充电点）。

（4）模型训练阶段至少进行了 30 万次迭代。算法评估中其他算法的实验至少重复了 100 万次，并使用平均值作为最终结果进行对比。

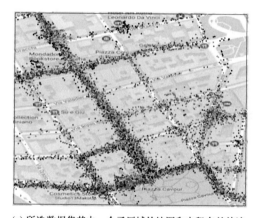
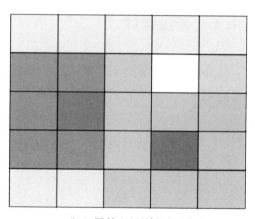

(a) 所选数据集其中一个子区域的地图和出租车的轨迹　　　　(b)(a)图所示子区域的交通状况

图 7-4　意大利罗马出租车轨迹数据集

7.4.2　结果分析

（1）通过在选定的决策时期内展示无人机和无人充电车的运动轨迹来评估本章提出的解决方案，如图 7-5 所示。首先，数据收集节点（无人机）位于初始点（设置在地图的左下方），充电点设置在地图的右上方。通过执行模型输出的动作，无人机可以在电池用完之前在地图上四处飞行，尝试收集尽可能多的高优先级环境数据。从图 7-5 中可以看出，在电池电量耗尽前，无人机成功到达充电点，之后继续收集数据，最终返回初始点。根据地图中不同子区域的颜色,我们可以观察到无人机几乎收集了所有高优先级的环境数据样本,从而实现了任务目标。

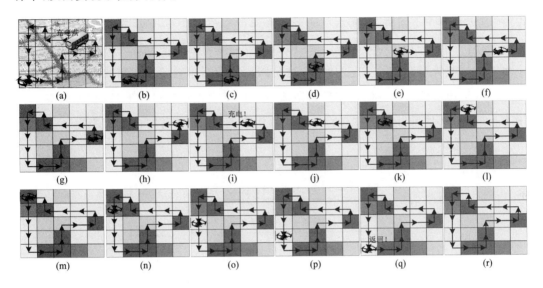

图 7-5　无人机从初始点开始的运动轨迹

(2)评估了无人机控制模型的训练损失,如图 7-6 所示。可以看出,在 30 万次迭代之前的模型训练阶段,训练损失有两个快速下降的过程。在第二次下降之后,训练损失的值变得相当稳定,始终低于 1,之后持续轻微波动直至训练结束。这表明我们提出的模型可以在训练中成功收敛,并能在不同的状态下做出决策。这也意味着借助训练有素的模型,无人机可以收集更高优先级环境的数据、达到充电点完成充电并最终返回初始点。

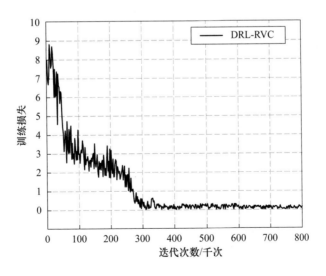

图 7-6　无人机控制模型的训练损失

（3）评估了折扣因子 γ 对数据收集率的影响，以及在经过 30 万次迭代后本章提出的基于深度强化学习的无人机控制模型未来观测值的衰减率，如图 7-7 所示。可以看出，随着折扣因子 γ 的增大，无人机能够收集更多的数据样本，例如当 $\gamma=0.9$ 时，数据收集率比 $\gamma=0.1$ 高出 15.57％。同时，用于模型训练的经验回放缓冲区的不同批次大小也对数据收集率产生了一定的影响，这是因为历史样本数量不足将无法帮助模型完成训练并给出最佳策略。但是在经验回放缓冲区批次大小超过 256 后，数据收集率几乎不再增长，这是因为已经有了足够的样本用于训练，而更高的批次大小也不会生成更多的样本。

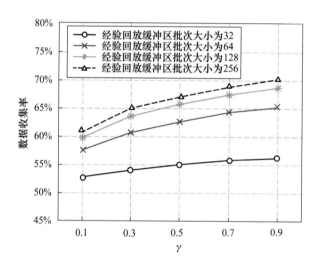

图 7-7　折扣因子 γ 和经验回放缓冲区批次大小对数据收集率的影响

由于折扣因子 γ 对于提高数据收集率的作用较大，因此接下来评估了折扣因子 γ 对无人机最终返回初始点的概率的影响。如图 7-8 所示，当折扣因子 γ 较低时，本章提出的模型无法成功收敛，无人机也几乎无法在电量耗尽前返回，但是当折扣因子 γ 高于 0.7 时，经过 30 万次迭代，我们可以获得较为可靠的模型及无人机的返回概率。

（4）评估了 CNN 网络层数对训练损失收敛的影响，如图 7-9 所示。可以观察到，在算法中加入 CNN 可以加快模型训练过程。在未使用 CNN 的情况下，模型训练需要经过至少 50 万次迭代才能获得令人满意的结果。随着 CNN 网络层数的增加（如采用 3 层网络），模型训练的速度加快，并且能够在 30 万次迭代后就可以获得令人满意的结果。

（5）将本章提出的算法 DRL-RVC 与基于马尔可夫决策过程的选择算法（简称为MDP）、基于快速搜索随机树的选择算法（简称为 RRT）以及随机选择法（简称为Random）进行了比较。MDP 和 RRT 分别以贪婪的方式计算得到的奖励选择动作，而

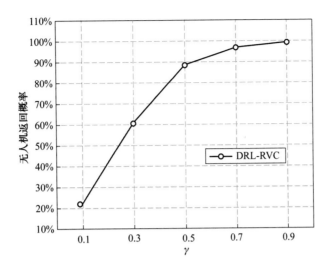

图 7-8 折扣因子对无人机返回概率的影响

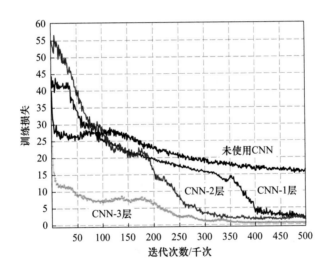

图 7-9 CNN 网络层数对训练损失收敛的影响

Random 则在每个决策时期随机选择动作。

如图 7-10 所示,随着可移动步数的增加,本章提出的算法一直都能获得最高的数据收集率。同时,如图 7-11 所示,本章提出的算法也可以在所有测试图中获得最高的数据采集率。这表明与其他算法相比,本章提出的算法在每个决策时期选择的动作几乎都是最佳的。这是因为对比的算法只能对单独的每一次决策进行决策,而不能从全局角度进行决策。

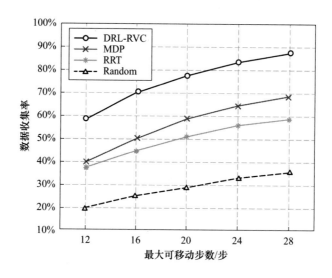

图 7-10 4 种算法在最大可移动步数上的数据收集率

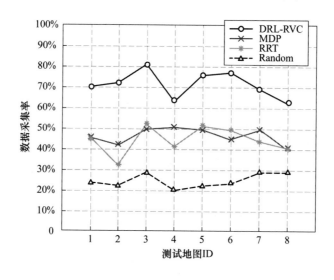

图 7-11 4 种算法在不同地图上的数据采集率

（6）比较了无人机到达充电点和返回初始点的概率。从表 7-1 可以看出，依据本章提出的算法，经过大约 30 万次的迭代，无人机可以成功到达充电点并最终返回初始点。依据 MDP，无人机在电池耗尽之前仅到达充电点 1 557 次，并且在 10 000 次实验中仅返回初始点 18 次。依据 RRT，无人机达到充电站 1 928 次，最后仅返回初始点 155 次。而依据 Random，无人机到达充电点 292 次，最后仅返回初始点 8 次。这是因为这些算法都没有明确地考虑将返回初始点作为强约束，并且总是试图以贪婪的方式最大化收集数据，即无法控制 MDP、RRT 或 Random 中无人机的最终位置。

表 7-1　4 种算法下无人机到达充电点和返回初始点的概率

算法	到达充电点	返回初始点
DRL-RVC	99.83%	99.61%
MDP	15.57%	0.18%
RRT	19.28%	1.55%
Random	2.92%	0.08%

第8章
群智感知的其他应用

8.1 引　言

通过本书提出的算法和策略,可以有效提高感知数据的收集效率,并实现感知任务预算的公平使用、提高参与者对感知任务的参与意愿以及保障参与者个人隐私信息安全等目的。但对和物联网、大数据应用联系非常紧密的群智感知而言,这些理论还需要与实际应用相结合,才能真正实现自身价值。

群智感知作为一种新颖的环境数据收集方式,已经融入物联网和大数据应用,为空气质量检测、噪声分析等应用提供必要的数据来源。基于群智感知的应用与传统的应用相比,数据获取成本更低,方式更加灵活,用户参与性更强。群智感知应用的设计者可以根据自己的需求对应用进行针对性设计,从而在获取所需数据的同时达到降低任务成本、减少资源消耗等目的。

作为数据收集者,群智感知中参与者的属性千差万别,使他们不但有不同的感知能力,也有不同的激励需求、隐私保护要求等,因此在设计群智感知的应用时,设计者必须考虑群智感知所涉及的诸多问题,从而让应用更加容易被人们接受。但是,为了能够准确判断参与者的贡献,从而为其发放与之相应的感知任务奖励,有必要对参与者上传的感知数据进行检验。而感知数据带有高精度的时间、位置信息,如果感知服务平台可以精确获取到参与者上传的全部感知数据,那么必然造成参与者的个人隐私信息泄露。因此,群智感知应用也必须包含一定的隐私保护措施[269],且不但要保证感知任务的完成情况和解决资源消耗等问题[270],还要保证能够精确地为参与者提供感知任务奖励。为了解决这些问题,有研究者陆续提出了一些方法,如基于多跳网络的感知数据聚合方式,每个节点都能收到多个来自上一跳节点的数据,从而实现了数据的混淆,让每一个节点都无法知道数据的真正来源[271]。而为了防止感知数据携带的位置信息引起参与者个人隐私信息的泄露,系统允许参与者以多个身份上传感知数据[272],并最终通过对应的真实 ID 获得任务奖励。

同时,随着人们生活的不断丰富,各种意外导致的火灾等灾害、群体性事件不断出现。如果能让处于事件范围内的智能终端用户作为参与者,报告自己周边的环境参数、拥挤程度等信息,通过群智感知的方式进行分析,就有可能有效地防止这类事件的发生,或减少事件所造成的进一步损失。事件检测最通俗和直观的解决方案即监测已部署传感器节点的读数,当读数高于阈值或满足设定的条件时触发报警装置[273]。然而,大规模部署传感器节点成本巨大,也会消耗很多资源,并不适用于所有地区,尤其是范围较大的地区。目前,有两类方法来解决动态事件的检测问题。一种方法是集中式处理,如利用 Twitter 等在线社交网络,通过分析用户发送的消息以及用户所在的位置来预测地震的发生[274-275]。在该方法中,Twitter 平台为感知服务平台,Twitter 用户为参与者,用户发布的消息为感知数据。另一种方法是分布式处理,如通过对传感器的调度,来实现节能的事件检测[276]。

本章针对当前群智感知应用研究中存在的上述问题,提出了一个基于多角色参与者协作模型的群智感知架构,可以在保障参与者个人隐私信息安全的前提下,实现对感知数据的验证,以及防止系统内可能出现的作弊行为。针对上述问题,本章设计了一个群智感知应用场景。在应用场景中,智能终端用户需要事先在感知服务平台上注册成为参与者,每当有感知任务发布者向感知服务平台提交感知任务时,感知服务平台将根据感知任务的预算和数据需求,在参与者中选出一部分进行感知数据收集工作。在感知数据收集过程中,参与者可以承担不同的角色,并通过协作的方式完成感知数据的聚合。

第 5 章介绍了参与者的隐私保护问题,但参与者之间如果交互了过多的信息,也容易有隐私泄露的风险。与第 5 章类似,在本章所述的群智感知架构的隐私保护策略中,参与者不需要上传敏感信息,如设备电量、传感器信息、当前位置、历史移动轨迹等,从而防止参与者个人隐私信息的泄露,感知服务平台通过参与者自身计算的其对感知任务的贡献值来完成参与者选择。同时,本章中的隐私保护策略将通过数据传输的调度,进一步降低参与者个人隐私信息泄露的风险。此外,在感知任务中,感知数据的聚合与检验、激励的计算、对不同角色的监督工作等也都将通过参与者之间的协作来完成。

在越来越多的群智感知应用中,动态事件检测得到的关注不断增加。对于一个基于群智感知的事件检测应用场景,感知区域内的智能终端用户需要事先在感知服务平台上注册成为参与者,之后参与者会周期性或当发现异常情况时使用自己的智能终端设备根据应用要求收集相应的环境数据,并通过无线网络提交到感知服务平台。感知服务平台会根据参与者上报的数据,分析判断感知区域内是否存在已发生或潜在的事件。如果感知服务平台对事件无法准确判断,则可以根据当前的判定,在事件发生区域周围选择一定的参与者,让他们上传更为精细的数据,从而完成对事件的最终判定。这样的方式和方法,可以有效用于对噪声、火情、气象、自然灾害等事件的分析、判断[3,274,277]。

本章的主要贡献分为以下几点:

(1)提出了一个基于多角色参与者协作模型的参与者选择策略,可以在感知服务平台不获取参与者个人隐私信息的同时计算参与者对感知任务的潜在贡献,从而选出最合适的参与者来完成感知任务。

(2)提出了一种基于数据和相关信息分离、三方验证的感知数据聚合和激励分发机制,用来实现对不同角色参与者工作的监督,防止参与者在感知任务中出现不规范行为,并能够保障激励的准确分发。

(3)提出了一个基于数据收集准确度的参与者信誉度计算方法,用来计算参与者在数据收集任务中的可靠程度,督促参与者提高其自身的数据收集准确度。

(4)提出了一个基于群智感知的动态事件发现应用,使用 Min-Cut 算法通过参与者上报的感知数据来分析、判断事件发生的范围。

最后,使用微软亚洲研究院的 GeoLife 真实轨迹数据集进行了多组实验,对本章提出的应用和算法的效果进行了验证,实验结果表明该算法可以在满足约束条件的情况下保证感知数据采集工作的顺利完成。

8.2 系 统 模 型

8.2.1 系统架构

在本章设计的基于多角色模型的群智感知应用架构中,与第 3 章类似,群智感知系统里除了感知区域和感知任务外,包含感知任务发布者、感知服务平台、参与者 3 种角色,其中参与者根据工作内容可以分为数据收集节点、数据聚合节点和信息聚合节点。

感知区域$\mathcal{L}$被分成了 L 个子区域,通过$\mathcal{L}\overset{\Delta}{=}\{l=1,2,\cdots,L\}$来表示;$Q$ 个感知任务通过 $\mathcal{Q}\overset{\Delta}{=}\{q=1,2,\cdots,Q\}$来表示,其中感知任务 q 对应的感知数据需求为r^q,预算为c^q;感知任务对应的感知时间$\mathcal{T}$被分成 T 个时间区间,通过$\mathcal{T}\overset{\Delta}{=}\{t=1,2,3,\cdots,T\}$来表示。$M$ 个参与者通过$\mathcal{M}\overset{\Delta}{=}\{m=1,2,\cdots,M\}$来表示,其中担任数据聚合节点的 D 个参与者还可以通过 $\mathcal{D}\overset{\Delta}{=}\{d=1,2,\cdots,D\}$来表示,担任信息聚合节点的 E 个参与者还可以通过$\mathcal{E}\overset{\Delta}{=}\{e=1,2,\cdots,E\}$来表示。为了能够更好地对真实环境进行还原,本章也将感知任务 q 所需求的感知数据均匀分配到每个子区域和每个时间区间中,即对于该感知任务,每个子区域和每个时间区间内都需要 N^q 份感知数据,即子区域 l 和时间区间 t 所对应的数据需求$r_{lt}^q=N^q$。

对于每一个参与者,其收集到的感知数据也被归纳到对应的子区域和时间区间内。在本章提出的群智感知框架中,假设感知区域和感知时间的划分足够精细,作为感知数据聚合节点的参与者仅获得参与者 m 在子区域 l 和时间区间 t 内收集到的感知数据,对于参与者 m 来说是安全的。同时,本章也假设在感知任务进行过程中,不会出现所有参与者联合作弊的情况。

本章提出的群智感知架构具体细节如下:

(1)参与者在感知服务平台上注册,并提交自己的激励需求等信息。

(2)感知任务发布者向感知服务平台提交感知任务,包括数据需求和预算等信息。

(3)感知服务平台向参与者推送感知任务,所有接受任务的参与者向服务器确认自己的角色——数据收集节点、数据聚合节点、信息聚合节点。其中,数据聚合节点和信息聚合节点需向感知服务平台提交自己的加密公钥,感知服务平台也会将自己的公钥分发给以上两种节点,同时感知服务平台会为数据聚合节点随机分配聚合单元,即需要聚合的子区域和时间区间,并将信息聚合节点的公钥分发给数据聚合节点。

(4)感知服务平台将数据聚合节点的公钥和与数据聚合节点对应的子区域和时间区间发送给所有数据收集节点;作为数据收集节点的参与者根据自己未来的活动安排,指定自己的感知数据收集计划;客户端根据感知任务需求将参与者的感知数据收集计划进行时间和空间维度的划分,并使用数据聚合公钥分别加密,发送给对应的数据聚合节点。

(5)感知服务平台根据参与者选择算法,通过与数据聚合节点和信息聚合节点的合作完成参与者选择,并将结果分发给所有数据收集节点。

(6)被选择的数据收集节点收集感知任务所需的感知数据,并使用数据聚合公钥进行加密,发送给对应的数据聚合节点。

（7）数据聚合节点对上传的感知数据进行检验，将感知数据发送给感知服务平台，生成对应的信息并进行随机加密，再发送给对应的信息聚合节点。

（8）信息聚合节点汇总收到的信息，并将其发送感知服务平台。

（9）感知服务平台在汇总所有的感知数据和信息后，完成对参与者信息的维护，并生成摘要信息，发送给所有的数据收集节点，所有的数据收集节点确认无误后感知服务平台将感知数据进行处理并发送给任务发布者。

（10）扮演不同角色的所有参与者最终向感知服务平台收取自己的任务奖励。

其中，参与者可以同时承担数据收集节点、数据聚合节点和信息聚合节点中的一个或多个角色。不同角色之间的数据传输如图 8-1 所示。对感知数据的检验可以通过现有的算法[214]完成；所有的参与者也都可以通过移动蜂窝网络或者 WiFi 网络与感知服务平台或其他参与者进行通信，本章不再详细描述。

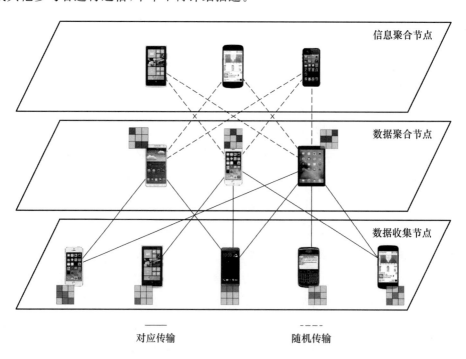

图 8-1　基于多角色模型的群智感知数据传输示意图

8.2.2　参与者感知能力和感知任务信息质量模型

本章将参与者 m 在感知任务 q 中能够收集到的感知数据用 o_m^q 来表示：

$$o_m^q = \sum_{\forall l \in \mathcal{L}^q, \forall t \in \mathcal{T}^q} o_{mlt}^q, \quad \forall q \in \mathcal{Q}, \forall m \in \mathcal{M} \tag{8-1}$$

其中，o_{mlt}^q 表示参与者 m 在子区域 l 和时间区间 t 内能为感知任务 q 收集的感知数据数量。

本章使用 $\mathcal{X}$ 来表示最终被选择的参与者群体，而该参与者群体在感知任务 q 中能够收集的感知数据即为群体内所有参与者能够收集到的感知数据之和，用 $o^q(\mathcal{X})$ 来表示：

$$o^q(\mathcal{X}) = \sum_{\forall l \in \mathcal{L}^q, \forall t \in \mathcal{T}^q} o_{lt}^q(\mathcal{X}) = \sum_{\forall l \in \mathcal{L}^q, \forall t \in \mathcal{T}^q, \forall m \in \mathcal{X}} o_{mlt}^q, \quad \forall q \in \mathcal{Q}, \mathcal{X} \subseteq \mathcal{M} \tag{8-2}$$

依据前期工作[19]，参与者群体 $\mathcal{X}$ 提供的感知数据可以达到的感知任务 q 的信息质量满足度 $s^q(\mathcal{X})$ 可以通过以下算法来计算：

$$s^q(\mathcal{X}) = 1 - \sqrt{\frac{\sum_{\forall l \in \mathcal{L}^q, \forall t \in \mathcal{T}^q} (\max(0, (r_{lt}^q - o_{lt}^q(\mathcal{X}))))^2}{L^q \cdot T^q \cdot (r_{lt}^q)^2}}, \quad \forall q \in \mathcal{Q}, \mathcal{X} \subseteq \mathcal{M} \tag{8-3}$$

为了达到更高的信息质量满足度，感知服务平台需要进行参与者选择，以最大化参与者群体 $\mathcal{X}$ 在感知任务 q 中能够收集的感知数据 $o^q(\mathcal{X})$。通过公式(8-3)提供的算法，可以获得时间、空间维度都均匀分布的感知数据，在提高了感知任务完成度的同时也降低了感知数据的冗余度。

本章使用 $i_m(\forall m \in \mathcal{M})$ 来表示参与者 m 对感知任务的激励需求。参与者群体 $\mathcal{X}$ 的总激励需求即为群体内所有参与者的激励需求之和，用 $i(\mathcal{X})$ 来表示：

$$i(\mathcal{X}) = \sum_{m \in \mathcal{X}} i_m, \quad \mathcal{X} \subseteq \mathcal{M} \tag{8-4}$$

8.2.3 基于用户协作的参与者选择策略

本章所提出的参与者选择策略如图 8-2 所示，具体的过程如下：

（1）初始化。感知服务平台向所有参与者发送感知任务需求和公钥，参与者确认其要承担的角色，并与感知服务平台交换公钥，感知服务平台为数据聚合节点随机分配聚合单元（详见 8.2.4 节），即其需要聚合的子区域和时间区间。

（2）参与者预收集数据设定。在感知服务平台向所有参与者发送贡献计算请求、数据聚合节点的分配方案和数据聚合公钥串后，参与者根据自己的活动安排指定自己的数据收集方案，客户端根据参与者的数据收集方案和感知任务需求，将参与者对感知任务的预收集数据进行时间和空间的划分，使用数据聚合公钥分别加密，发送给对应的数据聚合节点并通知感知服务平台。

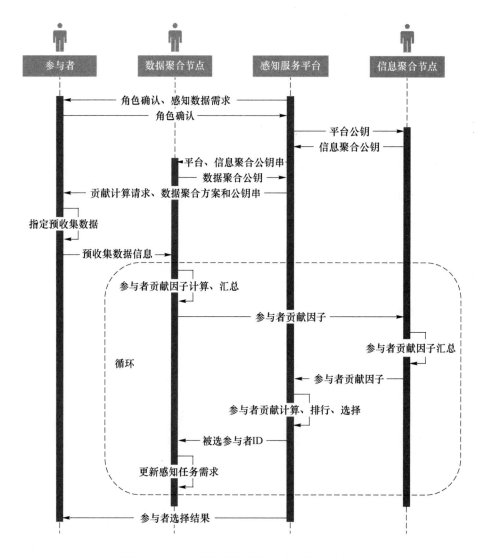

图 8-2　基于用户协作的参与者选择策略时序图

（3）参与者贡献因子计算。在所有参与者的预收集数据发送完毕后，数据聚合节点会针对自己负责的每个聚合单元（对应一个子区域和一个时间区间），根据感知任务需求和收到的预收集数据，计算参与者 m 在子区域 l 和时间区间 t 对应聚合单元内对感知任务 q 的贡献因子 μ_{mlt}^q，以及预收集数据量 ν_{mlt}^q，然后再计算自己收到的每个参与者的贡献因子之和，再使用信息聚合公钥对每个参与者的总贡献进行加密，发送给对应的信息聚合节点并通知感知服务平台。

（4）参与者贡献汇总。在所有数据聚合节点的信息发送完毕后，信息聚合节点对自己收到的参与者贡献因子进行汇总，并在使用平台公钥加密后发给感知服务平台。

（5）参与者选择。所有的信息聚合节点的信息发送完毕后，感知服务平台对自己收到的参与者贡献因子进行汇总，并计算、排序参与者对感知任务的最终贡献。如果剩余的感知任务预算不低于排名最高的参与者的激励需求，则排名最高的参与者为本轮的被选参与者，感知服务平会将被选参与者的 ID 发送给所有数据聚合节点。如果因感知任务预算耗尽、参与者已全部被选或剩余参与者的贡献全部为 0 等原因而无法选出最大潜在贡献者，则迭代结束，感知服务平台会通知参与者结果，让所有被选参与者开始进行感知数据收集。

（6）感知任务需求更新。在数据聚合节点收到被选参与者的 ID 后，数据聚合节点将自己负责的每个聚合单元的感知任务需求减去被选参与者的预收集数据，并从步骤（3）开始迭代。

在步骤（3）中，根据公式（8-3），本章将参与者在每个聚合单元内的贡献因子 μ_{mlt}^q 定义为

$$\mu_{mlt}^q = \left(\frac{\max(0,(r_{lt}^q - o_{mlt}^q))}{r_{lt}^q} \right)^2, \quad \forall q \in \mathcal{Q}, \forall m \in \mathcal{M} \tag{8-5}$$

因此在步骤（5）中，感知服务平台可通过收集到的参与者贡献因子之和计算参与者 m 对感知任务 q 的最终贡献，用 θ_m^q 来表示。如果参与者最终上传的感知数据和其之前设定的预收集数据有较大的差异，就会影响感知任务的完成情况，因此为了让参与者能够设定更准确地预收集数据，本章在计算参与者的最终贡献时引入了参与者信誉制度（详见8.2.6 节）：

$$\theta_m^q = \varphi_m - \varphi_m \cdot \sqrt{\frac{\sum\limits_{\forall l \in \mathcal{L}^q, \forall t \in \mathcal{T}^q} \mu_{mlt}^q}{L^q \cdot T^q}}, \quad \forall q \in \mathcal{Q}, \forall m \in \mathcal{M} \tag{8-6}$$

对于多任务系统，可以采取第 1 章介绍的方法来计算参与者对所有感知任务的总贡献。

在本章提出的策略中，一方面，参与者上传的预收集数据是真实的，因此感知服务平台在参与者选择过程的每次迭代中都可以选出对感知任务贡献最高的参与者，从而可以有效地选出最合适的参与者来进行感知数据收集。另一方面，每一个数据聚合节点仅接收了参与者一小部分的预收集数据，因此数据聚合节点对于参与者而言是安全的；同时，由于每次迭代时数据聚合节点都会将信息随机发送给信息聚合节点，信息聚合节点无法分析获取对应的数据，因此信息聚合节点对于参与者而言也是安全的；而数据聚合节点又融合了来自不同数据聚合节点的数据，相当于对信息进行了二次混淆，所以感知服务平台也无法分析、获取对应的数据，因此感知服务平台对于参与者而言也是安全的。而且，由于数据的传输使用了专门的密钥进行加密，其他人即使截获了数据，也无法解密和获取对应的数据，因此本策略可以保障参与者的个人隐私信息安全。

8.2.4 聚合单元分配

为了减少对参与者正常活动的影响,本章根据数据聚合节点手持设备的剩余电量来为其分配聚合单元。由于聚合单元的总数是已知的$(L \times T)$,本章使用汉狄法(d'Hondt method)来解决聚合单元分配的问题。汉狄法也被称为抗特计算法,是议会选举中根据票数来计算各政党席位数量的方法。本章将聚合单元视为议会的席位,将数据聚合节点视为政党。为了提高设备剩余电量的影响力,本章引入了一个影响因子δ来计算数据聚合节点的影响力,即政党获得的选票数,使用κ_d来表示:

$$\kappa_d = (e_d)^\delta, \quad \forall d \in \mathcal{D} \tag{8-7}$$

其中,e_d表示数据聚合节点d所持设备的剩余电量;δ表示设备剩余电量的影响因子,δ的值越小,意味着不同数据聚合节点被分配的聚合单元数量越接近。本章将δ设置为2。

席位分配的基本规则为:首先,把每一参选党派所取得票数除以$1,2,3,\cdots,m$(m为议席数目);然后,将得出的数字分配给该党派名单上的排第一位的候选人、排第二位的候选人,依此类推;最后,比较各党派候选人所获得的数字,排名不大于总议席数目的候选人数即为该党派获得的最终议席数目。根据上述方法,聚合单元的分配过程如下:

(1) 计算。将数据聚合节点所持设备的剩余电量除以$1,2,3,\cdots,(L \times T)$。

(2) 排序。对步骤(1)中的计算结果进行排序。

(3) 分配。选择步骤(2)中数值最大的前D个结果,给每个结果对应的数据聚合节点分配一个聚合单元。

在计算好聚合单元的分配数量后,为进一步降低参与者个人隐私信息泄露的风险,感知服务平台将根据计算得到的分配数量,为数据聚合节点随机分配聚合单元。

8.2.5 基于用户协作的感知数据聚合机制

本章所提出的感知数据聚合机制如图8-3所示,具体的过程如下:

(1) 初始化。在感知任务结束后,感知服务平台会向所有数据收集节点发送消息,要求数据收集节点在一定时间内上传感知数据。

(2) 上传感知数据。所有的数据收集节点在收到数据聚合的消息后,会根据之前收到的数据聚合方案,使用对应的数据聚合公钥将数据分别加密并发送给对应的数据聚合节点,并发送感知数据已发送的消息给感知服务平台。

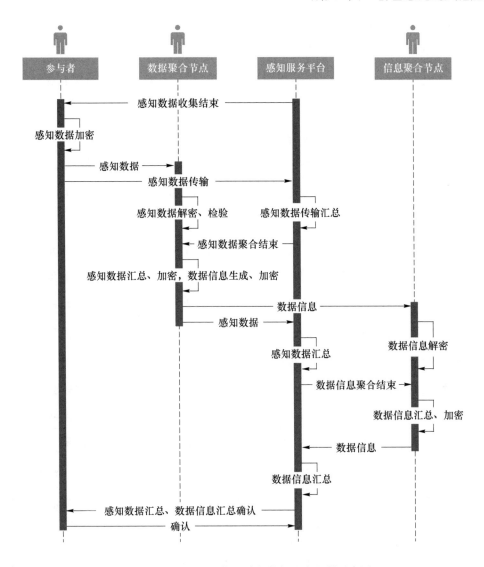

图 8-3 基于用户协作的感知数据聚合机制时序图

（3）感知数据聚合。数据聚合节点在收到数据收集节点发送的感知数据后,对感知数据进行检验,根据感知任务需求,对数据进行统一化处理,并计算数据收集节点 m 对感知任务 q 在子区域 l 和时间区间 t 对应聚合单元内的有效数据收集量 ρ_{mlt}^{q},即在对应聚合单元有预收集数据信息时的有效数据收集量。当已收集数据量不超过预收集数据量时,有效数据收集量即为已收集数据量,否则为预收集数据量($\rho_{mlt}^{q} = \nu_{mlt}^{q}$)。如果已收集的感知数据对应的聚合单元无预收集数据信息,则这些感知数据将不被统计,即 $\rho_{mlt}^{q} = 0$。计算完毕后,数据聚合节点根据聚合单元对感知数据进行汇总。

（4）信息处理 & 感知数据上传。在到达感知服务平台指定的数据聚合结束时间后,数据聚合节点将统计每个聚合单元中的感知数据总量,以及数据收集节点预收集数据量和有效收集数据量,并根据以上内容生成每个数据收集节点的统计信息,再使用信息聚合公钥对统计信息进行加密,发送给对应的信息聚合节点,再将收到的所有感知数据发送给感知服务平台。

(5)信息聚合。信息聚合节点会在收到数据聚合节点发送的信息后,对信息进行汇总,计算已收到信息中数据收集节点的预收集数据总量和有效收集数据总量,并在感知服务平台收到所有数据聚合节点发送的感知数据后,将汇总的信息发送给感知服务平台。

(6)信息验证。感知服务平台在收到所有的信息后,对信息进行汇总,生成每个子区域和每个时间区间的数据汇总表,以及每个数据收集节点的信息汇总表,并发送给数据收集节点进行验证。如果与数据收集节点的本地数据一致,则感知数据聚合结束;如果不一致,则由数据收集节点向感知服务平台报告有误的部分,再由感知服务平台联系对应的数据聚合节点或信息聚合节点进行勘误。

在上述机制中,一方面,数据收集节点与数据聚合节点之间的数据传输是有迹可循的,而数据聚合节点会对感知数据进行检验,因此数据聚合节点可以对数据收集节点进行监督,而最终感知服务平台又会要求数据收集节点验证所有信息,因此数据收集节点也可以监督数据聚合节点以及信息聚合节点。另一方面,由于数据收集节点将数据拆分后分发给数据聚合节点,而数据聚合节点又会将信息以随机的方式发送给信息聚合节点,信息聚合节点最终将汇总的信息发送给感知服务平台,通过这样的混淆,感知服务平台无法将数据信息和真实的感知数据进行匹配,从而防止了参与者个人隐私信息的泄露。

8.2.6 基于数据收集准确度的参与者信誉制度

由于参与者的活动可能会发生变化,因此参与者很难保证最终收集的感知数据可以100%覆盖自己之前设定的预收集数据,这将对感知任务产生一定的不利影响。本章将参与者 m 最终收集的感知数据对其预收集数据的覆盖度称为参与者的数据收集准确度,使用 η_m 来表示。在多任务系统中,本章使用参与者在不同任务中的平均数据收集准确度作为该参与者的最终准确度。η_m 可以通过汇总得到的感知数据信息来计算,即

$$\eta_m = \frac{\sum\limits_{\forall q \in Q} \eta_m^q}{Q} = \frac{\sum\limits_{\forall q \in Q} \frac{\varrho_m^q}{\nu_m^q}}{Q}, \quad \forall m \in \mathcal{M} \tag{8-8}$$

参与者的数据收集准确度可以反映参与者的专业性和可靠程度。为了给参与者设定更准确地预收集数据,从而提高感知任务执行的可靠性,本章引入了参与者的信誉度[107],并通过参与者的数据收集准确度来计算参与者的信誉度,具体算法如下:

$$\varphi_m = \exp(x \cdot \mathrm{e}^{y \cdot (\sum\limits_{h'=1}^{h} (\lambda^{h-h'} \cdot \eta_m^{h'}))}), \quad \forall m \in \mathcal{M} \tag{8-9}$$

其中,x 和 y 被用来调节函数的增长速度;λ 为权重参数,取值范围为 0 到 1。根据上述算法,参与者的信誉度将通过本次和历史的数据收集准确度进行加权计算,时间越近的准确度在计算中的权重越高。同时,信誉度的计算本着"增长困难,降低容易"的原则,因此可以让参与者更加重视自己的行为,从而可以有效提高自身数据收集的准确度。参与者信誉度的取值范围为 0 到 1。为了防止新加入的参与者难以被选择,感知服务平台可以将参与者的初始信誉度设置为 1。

8.3 基于群智感知的动态事件发现

本章所述的动态事件发现即为通过参与者上报的环境数据,如温度、噪声、人数等,感知服务平台可以分析判断感知区域内是否为异常点,即有事件发生,并在异常点附近下发感知任务,最终计算确定事件发生的范围。

异常点的检测只需要让数量不多的参与者以较低的频率,或在发现异常情况时收集和上报身边的环境数据。当有异常点被发现时,感知服务平台会根据当前稀疏的感知数据分析得到一个较为粗糙的事件范围,然后感知服务平台会发起一个新的感知任务,即在上述粗粒度的事件范围内,招募并选择一批参与者收集与异常点相关的感知数据。当感知任务结束后,感知服务平台根据参与者上传的感知数据,计算得到精确的事件范围。针对该问题,本章使用了改进的 Min-Cut 算法来计算粗糙和精确的事件范围。

传统的 Min-Cut 算法通常被用于图像领域[278],可以用于像素点连续的图像中连续区域的检测。而在基于群智感知的动态事件发现应用中,本章使用改进的 Min-Cut

算法找到参与者上传的感知数据对应的一个子集,使得事件范围内的感知数据和事件范围外的感知数据分离开来,从而确定事件的范围。为了达到上述目的,首先根据参与者上传的感知数据创建无向图 $G(VV, EE)$,其中 VV 是无向图的顶点集合,包含所有由感知数据构成的 PP 个顶点,使用 $VV \overset{\Delta}{=} \{vv_1, vv_2, \cdots, vv_{PP}\}$ 来表示;EE 是连接无向图顶点的连接边集合,使用 $EE \subseteq \{ee_{ij} \mid \forall i \in VV, \forall j \in VV\}$ 来表示。因此,本章可以在该无向图中找到一个连接边的子集(用 $EE' \subset EE$ 来表示),使得所有事件区域内的端点(感知数据)和其他端点分离开来,从而达到获取事件范围的目的。事件范围检测的过程如下:

(1)初始化。首先根据参与者上传的带有位置信息的感知数据创建无向图 G,将每个感知数据作为一个顶点,如图 8-4 (a)所示。为了创建顶点的连接边,将所有的顶点一一相连,即 $EE = \{ee_{ij} \mid \forall i \in VV, \forall j \in VV\}$。

(2)裁边。为了删除所有不相邻顶点间的连接边,从而保证无向图中只有相邻的顶点间才通过连接边连接到一起,计算每条连接边与其他连接边的交点的个数,并通过迭代的方式删除连接边。即,在每次迭代过程中,计算连接边上交点的个数,并根据交点个数对连接边进行排序,删除交点数最多的连接边,如果交点数最多的连接边有多个,则删除长度最长的连接边。当所有的连接边都不再和其他连接边相交时,迭代结束。裁边后得到的新无向图为 $G(VV, EE')$。

(3)权重计算。在新无向图 $G(VV, EE')$ 中,每一条连接边 ee_{ij} 的权重为 $ww_{ij} = \exp\left\{-\dfrac{|vv_i - vv_j|}{dd(l_i, l_j)}\right\}$,其中 $dd(l_i, l_j)$ 表示两个感知数据 vv_i 和 vv_j 包含的位置信息之间的欧式距离。连接边的权重反映了感知数据间的差距大小,感知数据间的差距越大,位置信息之间的欧氏距离越小,连接边的权重越小,如图 8-4(b)所示。

(4)Min-Cut。使用标准 Stoer-Wagner 算法[279]将无向图 $G(VV, EE')$ 划分为两个不相通的子图。参考所有连接边的权重,根据连接边权重的意思可知连接事件区域和非事件区域之间的连接边权重最小,因此通过 Min-Cut 得到的其中一个子图即为事件区域,事件区域和权重最小的连接边所属的区域之和,即为所需的事件范围。Min-Cut 过程如图 8-4(c)—图 8-4(g)所示,最终结果如图 8-4(h)所示。

(5)迭代。如果存在多个潜在的事件,可以通过重复以上步骤获得每个事件对应的事件范围。

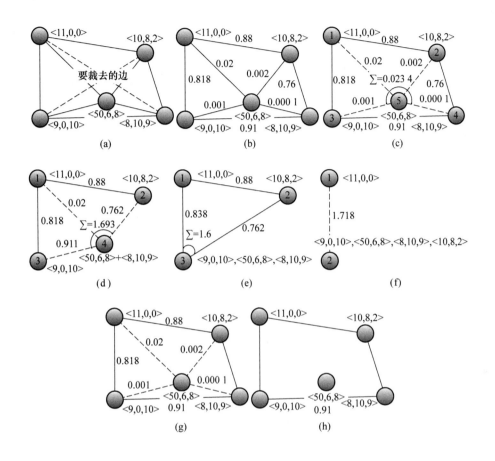

图 8-4　改进的 Min-Cut 算法示意图

算法：基于群智感知的动态事件发现

输入：感知区域 $\mathcal{L}$；

　　　　参与者群体 $\mathcal{M}$；

　　　　参与者上传的感知数据 Ψ。

输出：事件 q 的精确范围 L_f^q。

1：参与者上传感知数据 Ψ；

2：**while** $\max\limits_{\Psi_t} - \min\limits_{\Psi_t} > \Delta$ **do**

3：　　初始化图 $G(\text{VV}, \text{EE})$；

4：　　裁掉不相邻的顶点间的连接边，生成 EE'；

5：　　selected_id ← 0；max_efficiency ← 0；

6：　　使用改进的 Min-Cut 算法更新 EE_ε；

7：**end while**

8：在感知区域内计算得到的事件 q 的粗略范围 L_e^q；

9：在事件 q 的粗略范围 L_e^q 内进行参与者选择；

10：初始的未被选择的参与者群体 $\mathcal{B}=\mathcal{M}$，初始的被选择的参与者群体 $\mathcal{A}=$ NULL；

11：**while** True **do**

12：　　flag ← 0；selected_id ← 0；max_efficiency ← 0；

13：　　**for** 参与者 $m\in\mathcal{B}$ **do**

14：　　　　计算参与者 m 对事件 q 的贡献 θ^q；

15：　　　　**if** $\theta^q>$max_efficiency **then**

16：　　　　　　selected_id ← m；max_efficiency ← $\theta^q(m)$；flag ← 1；

17：　　　　**end if**

18：　　**end for**

19：　　**if** flag = 0 or selected_id = 0 **then**

20：　　　　break；

21：　　**end if**

22：　　$\mathcal{A}$←$\mathcal{A}+$ selected_id；$\mathcal{B}$←$\mathcal{B}-$ selected_id；

23：**end while**

24：最终被选择的参与者群体 $\mathcal{A}$；

25：被选择的参与者群体在事件 q 的粗略范围 L_e^q 内收集、上传感知数据；

26：在事件 q 的粗略范围 L_e^q 内计算事件 q 的精确范围 L_f^q；

27：返回：事件 q 的精确范围 L_f^q。

8.3.1　基于能耗的参与者打扰度模型

由于动态事件发现并不需要参与者专职地收集大量的感知数据，因此感知服务平台应该选择设备电量充沛的参与者。针对这一问题，本章提出了基于能耗的参与者打扰度模型，用来衡量感知任务带来的电量消耗对参与者正常活动的影响，用 ε_m^q 来表示：

$$\varepsilon_m^q=\iota\left(\frac{\xi^q}{e_m}\right)^\tau\in[0,1]，\quad\forall m\in\mathcal{M},\forall q\in\mathcal{Q} \tag{8-10}$$

其中，ξ^q 表示感知任务带来的电量消耗，ι 和 τ 是感知任务电量消耗对参与者打扰度的度量参数。

为了得到确定度量参数 ι 和 τ，本章做了一个在线调查，题目是"当你设备的剩余电量分别是 10%,20%,…,100% 时,你最多愿意贡献多少比例的电量进行环境数据收集工作?"。问卷调查结果如图 8-5 所示。利用 MATLAB 对度量参数 ι 和 τ 进行拟合计算,得到的具体数值为 $\iota=0.905$ 和 $\tau=0.698$。本章使用这些参数进行进一步的建模和实验。对于不同的群智感知应用场景,尽管参数 ι 和 τ 的值会存在一定的差异,但具体数值都可以通过类似的方法获得。

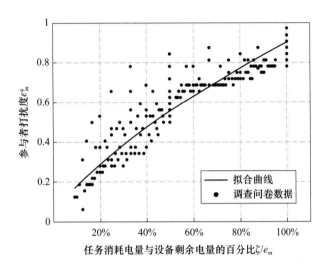

图 8-5　通过在线问卷调查数据获得的参与者打扰度拟合结果

本章将被选择的参与者群体 $\mathcal{X}$ 对应的参与者打扰度定义为所有被选择参与者的打扰度的平均值,以 $\varepsilon^q(\mathcal{X})$ 来表示:

$$\varepsilon^q(\mathcal{X}) = \frac{1}{M} \cdot \sum_{\forall m \in \mathcal{X}} \iota \left(\frac{\xi^q}{e_m} \right)^\tau, \quad \forall q \in \mathcal{Q} \tag{8-11}$$

8.3.2　基于参与者打扰度的参与者选择策略

动态事件发现的参与者选择目标是找到最优的参与者群体,在为感知任务取得尽可能高的信息质量满足度的情况下,使参与者打扰度最小:

$$\begin{aligned} &\max: \quad s^q(\mathcal{X}), \quad \forall q \in \mathcal{Q} \\ &\min: \quad \varepsilon^q(\mathcal{X}), \quad \forall q \in \mathcal{Q} \\ &\text{s.t.}: \quad \mathcal{X} \subseteq \mathcal{M} \end{aligned} \tag{8-12}$$

式(8-12)描述的是单约束条件下的多目标优化问题,且两个优化问题的目标是相反的,即当所有参与者都被选择时最大化 $s^q(\mathcal{X})$ 达到最优,而不选择任何一个参与者时最小化 $\varepsilon^q(\mathcal{X})$ 达到最优。为了解决该问题,平衡感知任务信息质量满足度和参与者的打扰度,本章采用帕累托最优(Pareto Optimality)来描述该多目标优化问题的解。帕累托最优是指资源分配的一种理想状态,其假定目前存在一定的可分配资源及一些目标,通过对资源分配方案进行调整,在没有任何目标变化的前提下,使得至少有一个目标变得更好。因此通过帕累托最优,上述多目标优化问题可以通过加权的方式转化为单目标优化问题:

$$\mathcal{X}^* = \arg\min_x(\lambda^q \cdot s^q(\mathcal{X}) + (1-\lambda^q) \cdot \varepsilon^q(\mathcal{X}))$$
$$s.t.: \mathcal{X} \subseteq \mathcal{M} \tag{8-13}$$

其中,权重λ^q由感知服务平台制定,用来在参与者选择过程中对感知任务信息质量满足度和参与者打扰度进行平衡。最后,感知服务平台即可通过第 4 章介绍的迭代式的基于贪婪算法的参与者选择算法实现参与者选择。

8.4 实验设计与结果分析

8.4.1 实验设计

本章的实验使用了微软亚洲研究院的 GeoLife[213] 真实轨迹数据集。数据集的具体介绍和处理方法请参照第 4 章的实验部分。

8.4.2 结果分析

本章设计了一个环境噪声检测方案来验证本章提出的算法。在方案中,本章假定人越多的地方噪声值越大,即人较多的区域为事件区域。如图 8-6(a)所示,浅色表示人少,深色表示人多,即在感知区域内存在两个事件区域,一个区域较为狭长,一个区域面积较大。同时,在正上方和右下方等处也存在一些人数较多的孤立点,即范围较小的事件区域。

(1)验证了异常报告点对应的检测情况。本章随机选取了 200 个位置,并假设这些位置都有一名参与者报告身边的人数情况,如图 8-6(b)所示,所有的黑点即为相应位置上某个参与者上传的感知数据。由于这 200 份感知数据有一部分出现在两个较大的事件区域内,因此可以触发本章提出的动态事件检测算法。经过生成无向图、连接顶点、裁边、权重计算和 Min-Cut 后,可以看到两个较大的事件区域基本上已经被检测出来了,但由于数据量较小,因此得到的粗粒度事件区域范围较大。

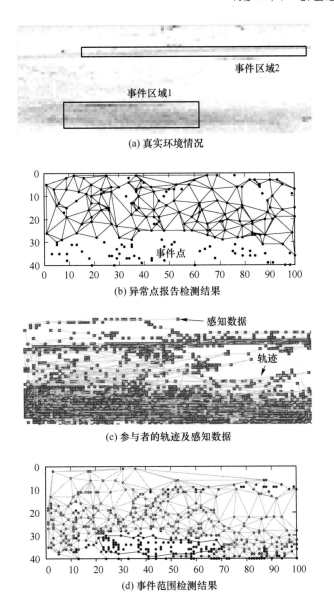

图 8-6　基于群智感知的事件发现及事件范围检测

得到范围较大的粗粒度事件区域后,将该区域作为感知任务的数据需求区域,并在该区域内进行参与者选择,选取的参与者的轨迹和参与者最终收集到的感知数据如图 8-6(c)所示。可以看到,虽然参与者的活动范围不可控,但是最终得到的感知数据还是很好地覆盖了感知任务需求,同时也没有过多的冗余数据。从图 8-6(c)也可以看到,右上角的一些孤立点也被检测了出来。但是由于其他孤立点周围没有参与者上传数据,因此没能够检测出来。

在获取到事件相关数据后,本章使用 Candy 算子[280]和参与者上传的感知数据进行了新一次的事件范围计算,结果如图 8-6(d)所示。其中,深色的点即为被计算出的事件点,可以看到事件点对应的区域和事件的真实区域具有很高的吻合度,这也证明了本章提出的动态事件检测算法的可靠性。此外,还可以看到在本次计算后,右上角的一些孤立点也进一步被检测出来,这意味着雇佣更多的参与者可以提高小范围事件的检出率。

（2）通过一系列实验评估了本章提出的基于参与者打扰度的参与者选择算法的效率,将提出的算法与随机选择法(在参与者选择的每一次迭代中随机选择参与者,直到感知任务预算耗尽)、能耗最优算法(在参与者选择的每一次迭代中选择设备剩余电量最多的参与者,直到感知任务预算耗尽)以及贪婪算法(QoI 最优算法)得到的近似最优解进行了比较。本章使用 MATLAB 软件作为实验环境进行实验。

① 验证了参与者设备平均剩余电量对信息质量满足度的影响。如图 8-7 所示,随着参与者设备平均剩余电量的增长,所有算法对应的信息质量满足度都呈现出上涨趋势,其中 QoI 最优算法得到的感知任务信息质量满足度一直是最高的,本章提出的算法和 QoI 最优算法的差距一直很小,但随机选择法和能耗最优算法增长得较上述两种方法显得要慢一些,和另外两种算法的差距在逐渐扩大。当参与者设备平均剩余电量为 75% 时,本章提出的算法获得的感知任务信息质量满足度要比随机选择法和能耗最优算法高出大约 48%。这表明本章提出的参与者选择算法能够在保证对参与者正常活动影响较小的同时,保障感知数据采集工作的顺利完成。

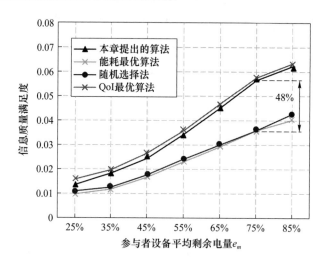

图 8-7　参与者设备平均剩余电量对信息质量满足度的影响

② 验证了参与者打扰度模型中参数 τ 对信息质量满足度的影响。如图 8-8 所示,随着参数 τ 数值的增长,与图 8-7 所示结果类似,所有算法对应的信息质量满足度都呈现出上涨趋势,其中 QoI 最优算法得到的信息质量满足度依然一直是最高的,本章提出的算

法和 QoI 最优算法的差距一直很小,但随机选择法和能耗最优算法增长得较上述两种方法要慢一些,和另外两种算法的差距在逐渐扩大。当参数 τ 数值为 0.7 时,本章提出的算法获得的信息质量满足度要比随机选择法和能耗最优算法高出至少 32%。也可以看出,信息质量满足度的增长速度随着参数 τ 的增长先升高再降低,这表明当参数 τ 的数值较小时,提高其数值可以获得更高的收益。

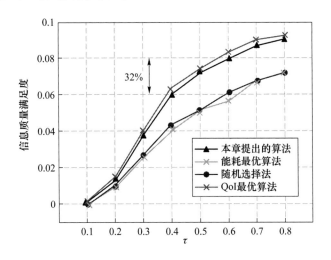

图 8-8 参与者打扰度参数 τ 对信息质量满足度的影响

③ 验证了参与者总数对信息质量满足度的影响,如图 8-9 所示。与之前两组实验相似的是,随着参与者总数的增长,所有算法对应的信息质量满足度都呈现出上涨趋势,其中 QoI 最优算法得到的信息质量满足度一直是最高的,本章提出的算法和 QoI 最优算法的差距一直很小,而随机选择法和能耗最优算法的增长速度和幅度较上述两种方法要慢一些;与之前两组实验不同的是,随着参与者总数的增长,QoI 最优算法和本章提出的算法与其他两种算法的差距在不断增大,且信息质量满足度的增长幅度也在不断增大,并没有出现增长速度先增加再减小的现象。其中,当参与者总数为 100 人时,4 种方法得到的感知任务信息质量满足度基本相同,这表明感知任务预算可以满足选择所有的参与者;而当参与者总数为 400 人时,本章提出的算法获得的感知任务信息质量满足度要比随机选择法和能耗最优算法高出大约 52%。这表明目前的参与者总数还远远没有达到感知任务的要求,当面对大型的感知任务时,大量的参与者是必须的。

④ 验证了每个子区域在每个时间区间内的感知任务预算对信息质量满足度的影响。如图 8-10 所示,可以观察到随着感知数据需求量的增长,所有算法对应的信息质量满足度都不可避免地呈现出下降趋势,但下降趋势在不断放缓。4 种算法对应的信息质量满足度与之前的几组实验相似,依然是 QoI 最优算法和本章提出的算法得到的信息质量满

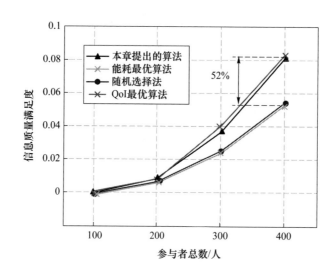

图 8-9 参与者总数对信息质量满足度的影响

足度较高,其他两种算法较低。虽然算法之间的绝对差距变化不大,但是相对差距基本呈现出不断增大的趋势,当感知数据需求量为 30 份时,本章提出的算法获得的信息质量满足度要比随机选择法和能耗最优算法高出大约 57.4%。这表明在感知任务需求增长过程中,考虑信息质量满足度的参与者选择算法能够使感知数据采集工作更有保障。

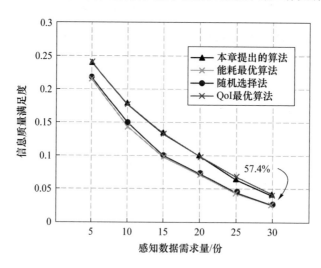

图 8-10 感知数据需求量对信息质量满足度的影响

⑤ 验证了感知任务电量消耗对信息质量满足度的影响。如图 8-11 所示,随着感知任务电量消耗的增长,与图 8-10 所示结果相似,所有算法对应的信息质量满足度都呈现出下降趋势,但下降趋势在不断放缓。依然也是 QoI 最优算法和本章提出的算法得到的信息质量满足度较高,其他两种算法较低。虽然算法之间的绝对差距在不断缩小,但是

相对差距却呈现出不断扩大的趋势,当感知任务电量消耗为 15% 时,本章提出的算法获得的信息质量满足度要比随机选择法和能耗最优算法高出大约 40%。这表明考虑信息质量满足度的参与者选择算法能够降低感知任务需求增长带来的影响。

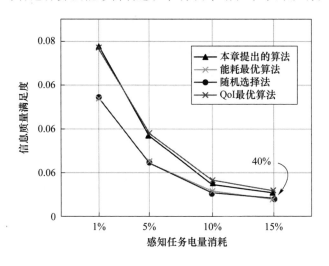

图 8-11　感知任务电量消耗对信息质量满足度的影响

⑥ 验证了权重参数 λ 对信息质量满足度的影响。如图 8-12 所示,随着权重参数 λ 数值的增长,所有算法对应的信息质量满足度都呈现出上涨趋势,仍然是 QoI 最优算法和本章提出的算法得到的信息质量满足度较高,其他两种算法较低。不同算法之间的差距出现了先增长再降低的趋势,其中当权重参数 λ 数值为 0.3 时,本章提出的算法获得的信息质量满足度要比随机选择法和能耗最优算法高出大约 61%。

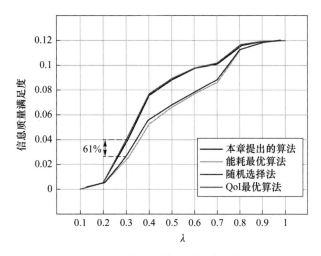

图 8-12　权重参数 λ 对信息质量满足度的影响

第 9 章
总结和展望

随着互联网时代的不断演进,大数据、云计算等新兴技术的引入,让传统行业具有了前所未有的新活力,同时也带来了海量的数据需求。为了缓解数据收集压力,物联网技术被应用到众多领域。但使用物联网技术进行数据采集,需要大规模部署物联网设备,必然带来额外的资源消耗,以及庞大的安装、维护和升级成本。

群智感知伴随着移动互联网、物联网、大数据和传感器技术的发展而出现。群智感知源于传统的传感器网络但却与之有着显著的不同,群智感知不再使用固定安置的传感器节点来实现感知数据的收集和上传,而是将智能终端用户作为群智感知网络的感知节点、感知任务的参与者和数据的收集者,智能终端设备内置的各种传感器作为感知单元,让智能终端用户使用自己的设备收集和分享周边的环境数据。

群智感知的出现极大地降低了数据收集的成本。同时,人们的主观能动性使得群智感知不再拘泥于传感器读数的记录,诸如"身边的人数"等模糊的甚至带有主观意识的数据也可以被收集上来,从而让数据收集工作变得灵活多样。智能终端设备的不断升级、换代也让群智感知能够随之不断进化,从而有效地降低了数据收集系统的升级和维护成本。此外,群智感知能够促进参与者之间的交流,还能够让参与者通过感知任务获取一定的奖励,从而能够吸引普通民众,让其乐于贡献自己的智慧和精力。而人们工作生活的多样性也使得群智感知在时间和空间维度都能够获得极高的覆盖度。因此,群智感知能够为新兴的物联网和大数据应用提供各式各样的感知数据,具有传统传感器网络所无法比拟的优势。

群智感知与传统的传感器网络相比具有诸多优点,但其鲜明的特点也带来了很多新的问题。如人们活动的不确定性以及智能终端设备的差异性让数据收集工作不像传统传感器网络那样稳定;收集和分享带有高精度时间、位置信息的感知数据,可能会让参与者面临个人隐私信息泄露的风险；参与者可能会为了获取奖励而伪造数据，从而造成数据可靠性的降低；等等。本书结合目前群智感知领域已有的研究成果，从群智感知系统的架构、感知任务的调度、参与者的感知动作推荐、参与者的隐私保护机制等方面开展研究。本书的主要工作与贡献包括以下几个方面：

（1）针对"如何有效提高数据质量"这一问题，本书根据感知任务在时间、空间上的多维度数据需求，提出了一种多元的信息质量满足度模型，用来量化已收集感知数据的分散化程度和感知任务的完成度，从而为群智感知的各种相关研究提供必要的理论依据；本书也根据不同感知任务的预算和数据需求差异性，设计了一种基于任务权重的参与者选择策略，用来实现在多任务环境下的群智感知系统里选择参与者同时为多个感知任务收集数据，以此来降低感知数据的收集成本并保障任务发布者能够获得与预算相符数量的感知数据。实验结果显示，通过本书提出的参与者选择策略，感知服务平台能够保障预算使用的公平性，同时在相对预算差距为 10 倍的情况下，预算较低的感知任务的信息质量满足度可以提高到单任务时的 3 倍以上。

（2）针对"如何提高参与者对感知任务的参与意愿"这一问题，本书分析了参与者设备剩余电量以及感知任务强度对参与者参与意愿的影响，提出了一种基于感知任务能耗的感知动作推荐算法，根据参与者设备的剩余电量和位置等信息为参与者推荐合适的工作强度；本书也设计了一种基于任务拒绝概率的参与者选择策略，用于在考虑参与者流失的情况下最大化感知任务的完成度。实验结果显示，充足的历史轨迹可以有效提高参与者选择效果；为参与者推荐不同的感知动作会对感知任务的完成情况产生重大影响；基于拒绝概率模型的参与者选择策略在考虑参与者可能拒绝感知任务的情况下最多可以将任务完成度落差降低到普通策略的 1.76%。

（3）针对"如何在参与者选择和数据上传过程中防止参与者个人隐私信息泄露"这一问题，本书设计了一种基于参与者协作的参与者贡献评估策略，用来在不获取参与者个人隐私信息的情况下计算参与者对感知任务的贡献；本书也设计了一种基于波达计数法的参与者选择策略，用来在保障感知任务完成度的情况下加强参与者的个人隐私信息安全；本书还设计了一种基于参与者协作的数据聚合策略，用来在不需要参与者上传个人隐私信息的情况下完成数据聚合工作，并在数据聚合过程中通过提出的二次验证机制来防止参与者不规范行为的出现。实验结果显示，在任务预算较低时，本书提出的算法对应的冗余数据比例仅为贪婪算法的 19%，且隐私保护水平要比贪婪算法高 23%。

（4）针对"在保障参与者隐私安全的策略中难以进行数据校验"这一问题，本书设计了一种基于多角色模型的群智感知架构，通过对参与者进行角色划分并分配不同的工作内容,以及参与者的协作在保护参与者个人隐私信息安全的情况下完成数据校验工作;本书也提出了一种基于数据收集准确度的参与者信誉度算法,用来计算参与者在数据收集任务中的可靠程度;本书还设计了一种基于群智感知的动态事件发现应用,使用参与者上传的数据和基于 Min-Cut 的算法来完成事件的检测和事件范围的确定。实验结果显示,通过本书提出的算法计算得到的事件范围能够与真实情况高度吻合。

(5)针对"如何实现异构智能终端设备的协作"这一问题,本书提出了一种基于互信息最大化的协作群智感知通用模型,该模型能够同时考虑互信息和传感器校准,能够实现在只使用少量的高精度空气质量监控站点的情况下,用有限的高精度数据和传感器实现高分辨率空气污染分布图的绘制。

(6)针对"如何实现对无人智能设备的精准控制"这一问题,本书提出了一种基于深度增强学习的无人智能设备调度算法,通过无人充电车与无人机之间的协作,可以极大地提高无人机的续航时间和里程,从而可以让无人机用于长周期、远距离的群智感知任务。

群智感知自提出以来就得到了广泛的关注,出现了许多高质量的研究成果。但与传统传感器网络相比,群智感知相关的研究尚处于起步阶段,新的问题不断涌现,新的理论、新的研究都需要研究者进一步挖掘。下面以本书的研究内容为基础,结合已有的研究工作,列举一些未来有待进行深入研究的问题和方向:

(1)数据补全和再利用。由于参与者的活动不可控,参与者收集到的感知数据很难完全覆盖感知任务需求,因此是否可以通过挖掘感知数据之间的关联性来实现对空缺数据的补齐,也值得研究者们进一步研究。同时,现阶段群智感知相关应用的需求往往具有一定的重叠性,因此感知服务平台完全可以将之前收集到的历史数据进行再利用,以达到节约成本的目的。此外,随着智能终端设备内传感器类型的增多,感知服务平台还可以考虑在不过多浪费资源的情况下,让参与者收集一些感知任务需求以外的感知数据,以数据推动需求。

(2)数据金融。随着国内外大数据市场的出现和蓬勃发展,群智感知的商业化程度也会越来越高。为了应对市场经济对群智感知产生的影响,群智感知中的经济学相关研究不应该局限在对激励机制的研究上,而应该开阔眼界,引入经济学中的市场模型,制定符合市场经济的感知数据定价机制等新模型和新应用。

(3)中间件设计。目前,群智感知的通用性不强,很多数据收集工作都需要特定的终端设备或者特定的应用。然而,人们手中的智能终端设备性能参差不齐,而且开发、维护通用的群智感知中间件的成本不可小觑,这也是制约群智感知发展的一个较大阻力。但随着 web 3.0 时代的来临,开发人员完全可以通过强大的 web 接口设计网络化的群智感知中间件。同时,微信公众号等新型的网络平台也可以作为群智感知的载体。合理利用新型资源不但可以进一步降低群智感知的运营成本,还可以降低招募参与者的难度。

(4) 应用研究。群智感知的主要目的是为物联网和大数据应用等提供必要的数据支持。目前,群智感知的相关应用大多为环境数据收集,如空气质量检测、噪声分析等。而随着传感器硬件技术的发展,当前的智能终端设备中集成了越来越多的高性能传感器,这必然会对群智感知应用的研究产生重大影响。同时,通过多种感知数据的关联性挖掘感知数据的潜在价值,也是应用研究中一个不错的方向。此外,纯数据收集的群智感知应用大多较为枯燥,往往只能通过一些志愿者或者通过任务奖励等方式招募参与者来完成工作,对普通民众而言不具备足够的吸引力。因此,在群智感知应用中融入教育、娱乐等因素,也是群智感知相关应用的研究方向之一。

如果说拥有无人机等新一代智能设备的群智感知是群智感知 2.0,那么群智感知3.0或许会随着移动通信边缘计算和区块链等技术的发展而引爆。首先,新型的高速移动网络会给智能终端设备带来更大的带宽、更小的延迟,同时伴随着物联网设备计算能力的不断增长,群智感知必然会向着分布式群智计算的方向发展,感知节点不再只是数据收集者,更是数据处理者和感知计算节点。其次,区块链技术的融入会让群智感知的安全性飞升,同时让感知节点之间的交互、交流甚至交易成为可能,从而群智感知不再是单纯的数据收集网络,更是感知数据的云市场,从而引领大数据应用的进一步进化、发展。

参 考 文 献

[1]　BURKE J A, ESTRIN D, HANSEN M, et al. Participatory sensing[C]//
Proceedings of the 4th ACM conference on embedded networked sensor systems.
Colorado: ACM, 2006: 1-5.

[2]　DUTTA P, AOKI P M, KUMAR N, et al. Common sense: Participatory urban
sensing using a network of handheld air quality monitors[C]//Proceedings of the
7th ACM conference on embedded networked sensor systems. California: ACM,
2009: 349-350.

[3]　RANA R K, CHOU C T, KANHERE S S, et al. Ear-phone: An end-to-end
participatory urban noise mapping system[C]//Proceedings of the 9th ACM/
IEEE international conference on information processing in sensor networks.
Stockholm: IEEE, 2010: 105-116.

[4]　XIONG H, ZHANG D, WANG L, et al. EMC 3: Energy-efficient data transfer
in mobile crowdsensing under full coverage constraint[J]. IEEE Transactions on
Mobile Computing, 2015, 14(7): 1355-1368.

[5]　GUBBI J, BUYYA R, MARUSIC S, et al. Internet of things (IoT): A vision,
architectural elements, and future directions[J]. Future Generation Computer
Systems, 2013, 29(7): 1645-1660.

[6]　LIU J, LI Y, CHEN M, et al. Software-Defined Internet of Things for Smart
Urban Sensing[J]. IEEE Communications Magazine, 2015, 53(9): 55-63.

[7]　CHEN M. Towards Smart City: M2M Communications with Software Agent Intelligence
[J]. Multimedia Tools and Applications, 2013, 67(1): 167-178.

[8]　TAN L, WANG N. Future internet: The internet of things[C]//Proceedings of
the 3rd international conference on advanced computer theory and engineering.

Sichuan：IEEE，2010：V5-376.

[9]　GANTI R K，YE F，LEI H. Mobile crowdsensing：Current state and future challenges[J]. IEEE Communications Magazine，2011，49(11)：32-39.

[10]　中国互联网络信息中心，第 47 次中国互联网络发展状况统计报告[OL]．（2021-2-3）[2021-6-30]. http：//www. cnnic. cn/hlwfzyj/hlwxzbg/.

[11]　CHRISTIN D，REINHARDT A，KANHERE S S，et al. A survey on privacy in mobile participatory sensing applications[J]. Journal of Systems and Software，2011，84(11)：1928-1946.

[12]　FERREIRA H，DUARTE S，PREGUIÇA N. Decentralized processing strategies for participatory sensing data[J]. Citeseer，2010.

[13]　BONNEY R，COOPER C B，DICKINSON J，et al. Citizen science：A developing tool for expanding science knowledge and scientific literacy[J]. BioScience，2009，59(11)：977-984.

[14]　RIVA O，BORCEA C. The urbanet revolution：Sensor power to the people！[J]. IEEE Pervasive Computing，2007，6(2)：41-49.

[15]　GUO B，WANG Z，YU Z，et al. Mobile crowd sensing and computing：The review of an emerging human-powered sensing paradigm[J]. ACM Computing Surveys，2015，48(1)：1-31.

[16]　HAN K，GRAHAM E A，VASSALLO D，et al. Enhancing motivation in a mobile participatory sensing project through gaming[C]//Proceedings of the 3rd International Conference on Privacy，Security，Risk and Trust. Massachusetts：IEEE，2011：1443-1448.

[17]　LI L，LI S，ZHAO S. QoS-aware scheduling of services-oriented internet of things[J]. IEEE Transactions on Industrial Informatics，2014，10（2），1497-1505.

[18]　MINI S，UDGATA S K，SABAT S L. Sensor deployment and scheduling for target coverage problem in wireless sensor networks[J]. IEEE Sensors Journal，2014，14(3)：636-644.

[19]　SONG Z，LIU C H，WU J，et al. Qoi-aware multitask-oriented dynamic participant selection with budget constraints[J]. IEEE Transactions on Vehicular Technology，2014，63(9)：4618-4632.

[20] SALAMÍ E, BARRADO C, PASTOR E. UAV flight experiments applied to the remote sensing of vegetated areas [J]. Remote Sensing, 2014, 6 (11): 11051-11081.

[21] YANG Y, ZHENG Z, BIAN K, et al. Real-time profiling of fine-grained air quality index distribution using uav sensing [J]. IEEE Internet of Things Journal, 2018, 5(1): 186-198.

[22] CHON Y, LANE N D, LI F, et al. Automatically characterizing places with opportunistic crowdsensing using smartphones [C]//Proceedings of the 2012 ACM conference on ubiquitous computing. Pennsylvania: ACM, 2012: 481-490.

[23] SHERCHAN W, JAYARAMAN P P, KRISHNASWAMY S, et al. Using on-the-move mining for mobile crowdsensing [C]//Proceedings of the 13th International Conference on Mobile Data Management. Bengaluru: IEEE, 2012: 115-124.

[24] XIAO Y, SIMOENS P, PILLAI P, et al. Lowering the barriers to large-scale mobile crowdsensing [C]//Proceedings of the 14th Workshop on Mobile Computing Systems and Applications. New York: ACM, 2013: 1-6.

[25] CARDONE G, FOSCHINI L, BELLAVISTA P, et al. Fostering participaction in smart cities: A geo-social crowdsensing platform[J]. IEEE Communications Magazine, 2013, 51(6): 112-119.

[26] GUO B, YU Z, ZHOU X, et al. From participatory sensing to mobile crowd sensing [C]//Proceedings of the 2014 IEEE International Conference on Pervasive Computing and Communication Workshops. Budapest: IEEE, 2014: 593-598.

[27] CORTES J, MARTINEZ S, KARATAS T, et al. Coverage control for mobile sensing networks[J]. IEEE Transactions on robotics and Automation, 2004, 20 (2): 243-255.

[28] CHOUDHURY T, BORRIELLO G, CONSOLVO S, et al. The mobile sensing platform: An embedded activity recognition system [J]. IEEE Pervasive Computing, 2008 7(2): 32-41.

[29] EISENMAN S B, MILUZZO E, LANE N D, et al. BikeNet: A mobile sensing system for cyclist experience mapping [J]. ACM Transactions on Sensor

Networks，2009，6(1)，1-39.

[30] LANE N D，MILUZZO E，LU H，et al. A survey of mobile phone sensing[J]. IEEE Communications Magazine，2010，48(9)：140-150.

[31] YANG D，XUE G，FANG X，et al. Crowdsourcing to smartphones：Incentive mechanism design for mobile phone sensing[C]//Proceedings of the 18th annual international conference on mobile computing and networking. New York：ACM，2012：173-184.

[32] KHAN W Z，XIANG Y，AALSALEM M Y，et al. Mobile phone sensing systems：A survey[J]. IEEE Communications Surveys & Tutorials，2013，15 (1)：402-427.

[33] EISENMAN S B，LANE N D，MILUZZO E，et al. Metrosense project：People-centric sensing at scale[J]. Wsw at Sensys，2006，6-11.

[34] CAMPBELL A T，EISENMAN S B，LANE N D，et al. The rise of people-centric sensing[J]. IEEE Internet Computing，2008，12(4)：12-21.

[35] CORNELIUS C，KAPADIA A，KOTZ D，et al. Anonysense：Privacy-aware people-centric sensing[C]//Proceedings of the 6th international conference on Mobile systems，applications，and services. New York：ACM，2008：211-224.

[36] LU H，PAN W，LANE N D，et al. SoundSense：Scalable sound sensing for people-centric applications on mobile phones [C]//Proceedings of the 7th international conference on Mobile systems，applications，and services. New York：ACM，2009：165-178.

[37] KRAUSE A，HORVITZ E，KANSAL A，et al. Toward community sensing [C]//Proceedings of the 2008 International Conference on Information. Missouri：IEEE，2008：481-492.

[38] ABERER K，SATHE S，CHAKRABORTY D，et al. OpenSense：Open community driven sensing of environment [C]//Proceedings of the ACM SIGSPATIAL International Workshop on GeoStreaming. New York：ACM，2010：39-42.

[39] CHRISTIN D，HOLLICK M，MANULIS M. Security and privacy objectives for sensing applications in wireless community networks[C]//Proceedings of 19th International Conference on Computer Communications and Networks. Zurich：IEEE，2010：1-6.

[40] AGARWAL V, BANERJEE N, CHAKRABORTY D, et al. USense-a smartphone middleware for community sensing [C]//Proceedings of the 14th International Conference on Mobile Data Management. Milan: IEEE, 2013: 56-65.

[41] CAMPBELL A T, EISENMAN S B, LANE N D, et al. People-centric urban sensing[C]//Proceedings of the 2nd annual international workshop on Wireless internet. New York: ACM, 2006: 18.

[42] CUFF D, HANSEN M, KANG J. Urban sensing: Out of the woods[J]. Communications of the ACM, 2008, 51(3): 24-33.

[43] LANE N D, EISENMAN S B, MUSOLESI M, et al. Urban sensing systems: Opportunistic or participatory? [C]//Proceedings of the 9th workshop on Mobile computing systems and applications. New York: ACM, 2008: 11-16.

[44] DUTTA P, AOKI P M, KUMAR N, et al. Common sense: Participatory urban sensing using a network of handheld air quality monitors[C]//Proceedings of the 7th ACM Conference on Embedded Networked Sensor Systems. New York: ACM, 2009: 349-350.

[45] LIU S, YANG J, LI B, et al. Volunteer sensing: The new paradigm of social sensing[C]//Proceedings of the 17th International Conference on Parallel and Distributed Systems. Tainan: IEEE, 2011: 982-987.

[46] DISTEFANO S, MERLINO G, PULIAFITO A. SAaaS: A framework for volunteer-based sensing clouds[J]. Parallel and Cloud Computing, 2012, 1(2): 21-33.

[47] PHILIPP D, DÜRR F, ROTHERMEL K. A sensor network abstraction for flexible public sensing systems [C]//Proceedings of the 8th International Conference on Mobile Ad-Hoc and Sensor Systems. Valencia: IEEE, 2011: 460-469.

[48] BAIER P, WEINSCHROTT H, DÜRR F, et al. MapCorrect: Automatic correction and validation of road maps using public sensing [C]//Proceedings of the 36th Conference on Local Computer Networks. Bonn: IEEE, 2011: 58-66.

[49] BAIER P, DÜRR F, ROTHERMEL K. Psense: Reducing energy consumption in public sensing systems[C]//Proceedings of the 26th International Conference on Advanced Information Networking and Applications. Fukuoka: IEEE, 2012: 136-143.

[50] PHILIPP D, STACHOWIAK J, ALT P, et al. Drops: Model-driven optimization for public sensing systems[C]//Proceedings of the 2013 IEEE International Conference on Pervasive Computing and Communications. California: IEEE, 2013: 185-192.

[51] MADAN A, CEBRIAN M, LAZER D, et al. Social sensing for epidemiological behavior change[C]//Proceedings of the 12th ACM international conference on Ubiquitous computing. New York: ACM, 2010: 291-300.

[52] ALI R, SOLIS C, SALEHIE M, et al. Social sensing: When users become monitors [C]//Proceedings of the 19th ACM SIGSOFT symposium and the 13th European conference on Foundations of software engineering. New York: ACM, 2011: 476-479.

[53] RACHURI K K, MASCOLO C, MUSOLESI M, et al. Sociablesense: Exploring the trade-offs of adaptive sampling and computation offloading for social sensing[C]// Proceedings of the 17th annual international conference on Mobile computing and networking. New York: ACM, 2011: 73-84.

[54] WANG D, KAPLAN L, LE H, et al. On truth discovery in social sensing: A maximum likelihood estimation approach [C]//Proceedings of the 11th international conference on Information Processing in Sensor Networks. Beijing: IEEE, 2012: 233-244.

[55] HOWE J. The rise of crowdsourcing[J]. Wired Magazine, 2006, 14(6): 1-4.

[56] KITTUR A, CHI E H, SUH B. Crowdsourcing user studies with mechanical turk [C]//Proceedings of the SIGCHI Conference on Human Factors in Computing Systems. New York: ACM, 2008: 453-456.

[57] DOAN A, RAMAKRISHNAN R, HALEVY A Y. Crowdsourcing systems on the world-wide web[J]. Communications of the ACM, 2011, 54(4): 86-96.

[58] ESTELLÉS-AROLAS E, GONZÁLEZ-LADRÓN-DE-GUEVARA F. Towards an integrated crowdsourcing definition[J]. Journal of Information science, 2012, 38(2): 189-200.

[59] CHATZIMILIOUDIS G, KONSTANTINIDIS A, LAOUDIAS C, et al. Crowdsourcing with smartphones[J]. IEEE Internet Computing, 2012, 16(5): 36-44.

[60] MURRAY D G, YONEKI E, CROWCROFT J, et al. The case for crowd computing [C]//Proceedings of the second ACM SIGCOMM workshop on

Networking, systems, and applications on mobile handhelds. New York: ACM, 2010: 39-44.

[61] FERNANDO N, LOKE S W, RAHAYU W. Mobile crowd computing with work stealing[C]//Proceedings of the 15th International Conference on Network-Based Information Systems. Victoria: IEEE, 2012: 660-665.

[62] PARSHOTAM K. Crowd computing: A literature review and definition[C]// Proceedings of the South African Institute for Computer Scientists and Information Technologists Conference. New York: ACM, 2013: 121-130.

[63] SHESHADRI A, LEASE M. Square: A benchmark for research on computing crowd consensus[C]//Proceedings of the 1st AAAI Conference on Human Computation and Crowdsourcing. California: AAAI, 2013: 156-164.

[64] WANG Y, LIN J, HONG J, et al. A framework of energy efficient mobile sensing for automatic user state recognition[C]//Proceedings of the 7th international conference on Mobile systems, applications, and services. New York: ACM, 2009: 179-192.

[65] REDDY S, ESTRIN D, SRIVASTAVA M. Recruitment framework for participatory sensing data collections[C]//Proceedings of the 8th International Conference on Pervasive Computing. Helsinki: Pervasive computing, 2010: 138-155.

[66] LIU B, LA PORTA T F, GOVINDAN R, et al. Medusa: A programming framework for crowd-sensing applications[C]//Proceedings of the 10th international conference on Mobile systems, applications, and services. New York: ACM, 2012: 337-350.

[67] SENDÍN-RAÑA P, GONZÁLEZ-CASTAÑO F J, GÓMEZ-CUBA F, et al. Improving management performance of P2PSIP for mobile sensing in wireless overlays[J]. Sensors, 2013, 13(11): 15364-15384.

[68] SUN Y, NAKATA K. An agent-based architecture for participatory sensing platform [C]//Proceedings of the 4th International Universal Communication Symposium. Beijing: IEEE, 2010: 392-400.

[69] ZHANG D, WANG L, XIONG H, et al. 4W1H in mobile crowd sensing[J]. IEEE Communications Magazine, 2014, 52(8): 42-48.

[70] GAO H, FANG X, LI J, et al. Data collection in multi-application sharing wireless

sensor networks[J]. IEEE Transactions on Parallel and Distributed Systems, 2015, 26 (2): 403-412.

[71] SHI T, CHENG S, CAI Z, et al. Adaptive connected dominating set discovering algorithm in energy-harvest sensor networks[C]//Proceedings of the the 35th Annual IEEE International Conference on Computer Communications. California: IEEE, 2016: 1-9.

[72] DONG M, OTA K, LIU A, et al. Joint optimization of lifetime and transport delay under reliability constraint wireless sensor networks [J]. IEEE Transactions on Parallel & Distributed Systems, 2015, 27(1): 225-236.

[73] CHEN L, ZHANG D, WANG L, et al. Dynamic cluster-based over-demand prediction in bike sharing systems[C]//Proceedings of the 2016 ACM International Joint Conference on Pervasive and Ubiquitous Computing. New York: ACM, 2016: 841-852.

[74] XU F, ZHANG P, LI Y. Context-aware real-time population estimation for metropolis [C]//Proceedings of the 2016 ACM International Joint Conference on Pervasive and Ubiquitous Computing. New York: ACM, 2016: 1064-1075.

[75] MENDEZ D, LABRADOR M, RAMACHANDRAN K. Data interpolation for participatory sensing systems[J]. Pervasive and Mobile Computing, 2013, 9(1): 132-148.

[76] REDDY S, ESTRIN D, SRIVASTAVA M. Recruitment framework for participatory sensing data collections[J]. IEEE Pervasive Computing, 2010, 6030: 138-155.

[77] KANJO E. NoiseSPY: A real-time mobile phone platform for urban noise monitoring and mapping[J]. ACM/Springer MONET, 2010, 15(4): 562-574.

[78] TUNCAY G S, BENINCASA G, HELMY A. Autonomous and distributed recruitment and data collection framework for opportunistic sensing[C]//Proceedings of the 18th annual international conference on Mobile computing and networking. New York: ACM, 2012: 407-410.

[79] WEINSCHROTT H, DURR F, ROTHERMEL K. Streamshaper: Coordination algorithms for participatory mobile urban sensing[C]//Proceedings of the 7th IEEE International Conference on Mobile Ad-hoc and Sensor Systems. California: IEEE, 2010: 195-204.

[80] ZHONG M, CASSANDRAS C G. Distributed coverage control and data collection with mobile sensor networks[C]//Proceedings of the 49th IEEE Conference on Decision and Control. Georgia: IEEE, 2010: 5604-5609.

[81] RIAHI M, PAPAIOANNOU T G, TRUMMER I, et al. Utility-driven data acquisition in participatory sensing[C]//Proceedings of the 16th International Conference on Extending Database Technology. New York: ACM, 2013: 251-262.

[82] DUAN L, KUBO T, SUGIYAMA K, et al. Incentive mechanisms for smartphone collaboration in data acquisition and distributed computing[C]//Proceedings of the 2012 IEEE Annual Joint Conference. Florida: IEEE, 2012: 1701-1709.

[83] GAONKAR S, LI J, CHOUDHURY R R, et al. Micro-blog: Sharing and queryingcontent through mobile phones and social participation[C]//Proceedings of the 6th international conference on Mobile systems, applications, and services. New York: ACM, 2008: 174-186.

[84] HAMID S A, TAKAHARA G, HASSANEIN H S. On the recruitment of smart vehicles for urban sensing [C]//Proceedings of the 2013 IEEE Global Communications Conference. Georgia: IEEE, 2013: 36-41.

[85] LU H, LANE N D, EISENMAN S B, et al. Bubble-sensing: Binding sensing tasks to the physical world[J]. Pervasive and Mobile Computing, 2010, 6(1): 58-71.

[86] LIU Y, GUO B, WANG Y, et al. TaskMe: Multi-task allocation in mobile crowd sensing [C]//Proceedings of the 2016 ACM International Joint Conference on Pervasive and Ubiquitous Computing. New York: ACM, 2016: 403-414.

[87] 刘琰, 郭斌, 吴文乐, 等. 移动群智感知多任务参与者优选方法研究[J]. 计算机学报, 2017, 40(8): 1872-1887.

[88] HE Z, CAO J, LIU X. High quality participant recruitment in vehicle-based crowdsourcing using predictable mobility[C]//Proceedings of the 2015 IEEE Conference on Computer Communications. Hong Kong: IEEE, 2015: 2542-2550.

[89] ZHANG J, FU L, TIAN X, et al. Analysis of random walk mobility models with location heterogeneity[J]. IEEE Transactions on Parallel and Distributed

Systems，2015，26(10)：2657-2670.

[90] ZHAO S，RAMOS J，TAO J，et al. Discovering different kinds of smartphone users through their application usage behaviors[C]//Proceedings of the 2016 ACM International Joint Conference on Pervasive and Ubiquitous Computing. New York：ACM，2016：498-509.

[91] DU H，YU Z，YI F，et al. Group mobility classification and structure recognition using mobile devices[C]//Proceedings of the 2016 IEEE International Conference on Pervasive Computing and Communications. Sydney：IEEE，2016：1-9.

[92] PARATE A，GANESAN D，MARLIN B M，et al. Leveraging graphical models to improve accuracy and reduce privacy risks of mobile sensing[C]//Proceeding of the 11th annual international conference on Mobile systems，applications，and services. New York：ACM，2013：83-96.

[93] NATH S. Ace：Exploiting correlation for energy-efficient and continuous context sensing [C]//Proceedings of the 10th international conference on Mobile systems，applications，and services. New York：ACM，2012：29-42.

[94] SONG Z，ZHANG B，LIU H C，et al. QoI-aware energy-efficient participant selection[C]//Proceedings of the 11th Annual IEEE International Conference on Sensing，Communication，and Networking. Singapore：IEEE，2014：248-256.

[95] ZHAO D，MA H，LIU L. Energy-efficient opportunistic coverage for people-centric urban sensing[J]. Wireless Networks，2014，20(6)：1461-1476.

[96] SHENG X，TANG J，ZHANG W. Energy-efficient collaborative sensing with mobile phones[C]//Proceedings of the 2012 IEEE Annual Joint Conference. Florida：IEEE，2012：1916-1924.

[97] LIU C H，HUI P，BRANCH J W，et al. Efficient network management for context-aware participatory sensing[C]//Proceedings of the 8th Annual IEEE Communications Society Conference on Sensor，Mesh and Ad Hoc Communications and Networks. Utah：IEEE，2011：116-124.

[98] MUSOLESI M，PIRACCINI M，FODOR K，et al. Supporting energy-efficient uploading strategies for continuous sensing applications on mobile phones[C]// Proceedings of the 8th International Conference on Pervasive Computing. Helsinki：IEEE，2010：355-372.

［99］ LIU H，YANG J，SIDHOM S,et al. Accurate WiFi based localization for smartphones using peer assistance［J］. IEEE Transactions on Mobile Computing，2014，13(10)：2199-2214.

［100］ JIANG Y，LI K，TIAN L，et al. MAQS：A personalized mobile sensing system for indoor air quality monitoring［C］//Proceedings of the 13th international conference on Ubiquitous computing. New York：ACM，2011：271-280.

［101］ LI Q，CAO G. Efficient and privacy-preserving data aggregation in mobile sensing［C］//Proceedings of the 20th IEEE International Conference on Network Protocols. Texas：IEEE，2012：1-10.

［102］ BRIENZA S，GALLI A，ANASTASI G，et al. A cooperative sensing system for air quality monitoring in urban areas［C］//Proceedings of the 2014 International Conference on Smart Computing Workshops. Hong Kong：IEEE，2014：15-20.

［103］ LEE Y，JU Y，MIN C，et al. Comon：Cooperative ambience monitoring platform with continuity and benefit awareness［C］//Proceedings of the 10th international conference on Mobile systems，applications，and services. New York：ACM，2012：43-56.

［104］ CARDONE G，CIRRI A，CORRADI A,et al. The participact mobile crowd sensing living lab：The testbed for smart cities［J］. IEEE Communications Magazine，2014，52(10)：78-85.

［105］ LEE J S，HOH B. Dynamic pricing incentive for participatory sensing［J］. Pervasive and Mobile Computing，2010，6(6)：693-708.

［106］ LUO T，THAM C K. Fairness and social welfare in incentivizing participatory sensing［C］//Proceedings of the 9th Annual IEEE Communications Society Conference on Sensor，Mesh and Ad Hoc Communications and Networks. Seoul：IEEE，2012：425-433.

［107］ HUANG K L，KANHERE S S，HU W. Are you contributing trustworthy data?：The case for a reputation system in participatory sensing［C］//Proceedings of the 13th ACM international conference on Modeling，analysis，and simulation of wireless and mobile systems. New York：ACM，2010：

14-22.

[108]　ZHAO D, LI X Y, MA H. How to crowdsource tasks truthfully without sacrificing utility: Online incentive mechanisms with budget constraint[C]// Proceedings of the 2014 IEEE Conference on Computer Communications. Toronto: IEEE, 2014: 1213-1221.

[109]　ZHANG Q, WEN Y, TIAN X, et al. Incentivize crowd labeling under budget constraint [C]//Proceedings of the 2015 IEEE Conference on Computer Communications. Hong Kong: IEEE, 2015: 2812-2820.

[110]　ZHANG H, LIU B, SUSANTO H, et al. Incentive mechanism for proximity-based mobile crowd service systems[C]//Proceedings of the 35th Annual IEEE International Conference on Computer Communications. California: IEEE, 2016: 1-9.

[111]　ZHENG Z, WU F, GAO X, et al. A budget feasible incentive mechanism for weighted coverage maximization in mobile crowdsensing[J]. IEEE Transactions on Mobile Computing, 2017, 16(9): 2392-2407.

[112]　MAHARJAN S, ZHANG Y, GJESSING S. Optimal incentive design for cloud-enabled multimedia crowdsourcing[J]. IEEE Transactions on Multimedia, 2016, 18 (12): 2470-2481.

[113]　JING Q, VASILAKOS A V, WAN J, et al. Security of the internet of things: Perspectives and challenges[J]. Wireless Networks, 2014, 20(8): 2481-2501.

[114]　KRUMM J. A survey of computational location privacy[J]. Personal and Ubiquitous Computing, 2009, 13(6): 391-399.

[115]　CHEN M, QIAN Y, MAO S, et al. Software-defined mobile networks security [J]. Mobile Networks and Applications, 2015, 21(5): 1-15.

[116]　GAO S, MA J, SHI W, et al. TrPF: A trajectory privacy-preserving framework for participatory sensing[J]. IEEE Transactions on Information Forensics and Security, 2013, 8(6): 874-887.

[117]　VAIDYA B, RODRIGUES J J, PARK J H. User authentication schemes with pseudonymity for ubiquitous sensor network in NGN[J]. International Journal of Communication Systems, 2010, 23(9-10): 1201-1222.

[118]　SHIN M, CORNELIUS C, PEEBLES D, et al. AnonySense: A system for

anonymous opportunistic sensing[J]. Pervasive and Mobile Computing, 2011, 7(1): 16-30.

[119] WANG X, CHENG W, MOHAPATRA P, et al. Artsense: Anonymous reputation and trust in participatory sensing[C]//Proceedings of the 2013 IEEE Annual Joint Conference. Turin: IEEE, 2013: 2517-2525.

[120] GANTI R K, PHAM N, ABDELZAHER T F, et al. PoolView: Stream privacy for grassroots participatory sensing[C]//Proceedings of the 6th ACM conference on Embedded network sensor systems. New York: ACM, 2008: 281-294.

[121] MUN M, REDDY S, SHILTON K, et al. PEIR, the personal environmental impact report, as a platform for participatory sensing systems research[C]// Proceedings of the 7th international conference on Mobile systems, applications, and services. New York: ACM, 2009: 55-68.

[122] BOUTSIS I, KALOGERAKI V. Privacy preservation for participatory sensing data[C]//Proceedings of the 2013 IEEE International Conference on Pervasive Computing and Communications. California: IEEE, 2013: 103-113.

[123] DE CRISTOFARO E, SORIENTE C. Extended capabilities for a privacy-enhanced participatory sensing infrastructure (pepsi)[J]. IEEE Transactions on Information Forensics and Security, 2013, 8(12): 2021-2033.

[124] WAN J, ZHANG D, ZHAO S,et al. Context-aware vehicular cyber-physical systems with cloud support: Architecture, challenges, and solutions[J]. IEEE Communications Magazine, 2014, 52(8): 106-113.

[125] CHEN X, WU X, HE Y, et al. Privacy-preserving high-quality map generation with participatory sensing[C]//Proceedings of the 2014 IEEE Conference on Computer Communications. Toronto: IEEE, 2014: 2310-2318.

[126] AMINTOOSI H, KANHERE S S, ALLAHBAKHSH M. Trust-based privacy-aware participant selection in social participatory sensing[J]. Journal of Information Security and Applications, 2015, 20(C): 11-25.

[127] WANG Q, ZHANG Y, LU X, et al. RescueDP: Real-time spatio-temporal crowd-sourced data publishing with differential privacy[C]//Proceedings of the 35th Annual IEEE International Conference on Computer Communications. California: IEEE, 2016: 1-9.

[128] MIAO C, JIANG W, SU L, et al. Cloud-enabled privacy-preserving truth discovery in crowd sensing systems [C]//Proceedings of the 13th ACM Conference on Embedded Networked Sensor Systems. New York：ACM, 2015：183-196.

[129] QIU F, WU F, CHEN G. Privacy and quality preserving multimedia data aggregation for participatory sensing systems[J]. IEEE Transactions on Mobile Computing, 2015, 14(6)：1287-1300.

[130] WANG J, KRISHNAN S, FRANKLIN M J, et al. A sample-and-clean framework for fast and accurate query processing on dirty data[C]//Proceedings of the 2014 ACM SIGMOD International Conference on Management of Data. New York：ACM, 2014：469-480.

[131] FAN W, MA S, TANG N,et al. Interaction between record matching and data repairing[J]. Journal of Data and Information Quality, 2014, 4(4)：1-38.

[132] MENDEZ D, LABRADOR M, RAMACHANDRAN K. Data interpolation for participatory sensing systems[J]. Pervasive and Mobile Computing, 2013, 9(1)：132-148.

[133] BHATT C A, KANKANHALLI M S. Multimedia data mining：State of the art and challenges [J]. Multimedia Tools and Applications, 2011, 51(1)：35-76.

[134] LIU L, WEI W, ZHAO D,et al. Urban resolution：New metric for measuring the quality of urban sensing[J]. IEEE Transactions on Mobile Computing, 2015, 14(12)：2560-2575.

[135] 丁小欧，王宏志，张笑影，等. 数据质量多种性质的关联关系研究[J]. 软件学报，2016, 27(7)：1626-1644.

[136] 赵东，马华东，刘亮. 移动群智感知质量度量与保障[J]. 中兴通讯技术，2015, 21(6)：2-5.

[137] PRELEC D, SEUNG H S, MCCOY J. A solution to the single-question crowd wisdom problem[J]. Nature,2017, 541(7638)：532-2017.

[138] WEERAKKODY S, MO Y, SINOPOLI B,et al. Multi-sensor scheduling for state estimation with event-based, stochastic triggers[J]. IEEE Transactions on Automatic Control, 2016, 61(9)：2695-2701.

[139] LIU S, FARDAD M, MASAZADE E,et al. Optimal periodic sensor scheduling

in networks of dynamical systems[J]. IEEE Transactions on Signal Processing,
2014, 62(12): 3055-3068.

[140] DOBSLAW F, ZHANG T, GIDLUND M. End-to-end reliability-aware scheduling
for wireless sensor networks[J]. IEEE Transactions on Industrial Informatics,
2016, 12(2): 758-767.

[141] WU Y, TAN X, QIAN L, et al. Optimal pricing and energy scheduling for
hybrid energy trading market in future smart grid[J]. IEEE Transactions on
Industrial Informatics, 2015, 11(6): 1585-1596.

[142] JI S, ZHENG Y, LI T. Urban sensing based on human mobility[C]//Proceedings of
the 2016 ACM International Joint Conference on Pervasive and Ubiquitous
Computing. New York: ACM, 2016: 1040-1051.

[143] TANG Z, GUO S, LI P, et al. Energy-efficient transmission scheduling in mobile
phones using machine learning and participatory sensing[J]. IEEE Transactions on
Vehicular Technology, 2015, 64(7): 3167-3176.

[144] SCARAMUZZA D, SIEGWART R, MARTINELLI A. The international journal of
robotics research[J]. The International Journal of Robotics Research, 2009, 28(2):
149-171.

[145] MNIH V, KAVUKCUOGLU K, SILVER D, et al. Playing atari with deep
reinforcement learning [J]. IEICE Transactions on Fundamentals of
Electronics, Communications and Computer Sciences, 2013,1312-5602.

[146] HASSELT H V, GUEZ A, SILVER D. Deep reinforcement learning with
double q-learning[J]. Thirtieth AAAI Conference on Artificial Intelligence,
2016, 30(1): 5.

[147] MNIH V, SILVER D, VENESS J, et al. Human-level control through deep
reinforcement learning[J]. Nature, 2015, 518(7540): 529-2015.

[148] WATKINS C J C H. Learning from delayed rewards[J]. PhD thesis, King's
College, Cambridge, 1989.

[149] WU C, YOSHINAGA T, JI Y, et al. A reinforcement learning-based data
storage scheme for vehicular ad hoc networks [J]. IEEE Transactions on
Vehicular Technology, 2017, 66(7): 6336-6348.

[150] DORIGO M, GAMBARDELLA L. Ant-q: A reinforcement learning approach

to the traveling salesman problem[C]//Proceedings of the 12th International Conference on Machine Learning. Tahoe City: Elsevier, 2016: 252-260.

[151] SCHAUL T, QUAN J, ANTONOGLOU I, et al. Prioritized experience replay [J]. Computer Science, 2015.

[152] WANG Z, SCHAUL T, HESSEL M, et al. Dueling network architectures for deep reinforcement learning [C]//Proceedings of The 33rd International Conference on Machine Learning. New York: JMLR, 2016: 1995-2003.

[153] LILLICRAP T P, PRETZEL A, HEESS N, et al. Continuous control with deep reinforcement learning[J]. Computer Science, 2015, 8(6): A187.

[154] GU S, LILLICRAP T, SUTSKEVER I, et al. Continuous deep q-learning with model-based acceleration[C]//Proceedings of The 33rd International Conference on Machine Learning. New York: JMLR, 2016: 2829-2838.

[155] MNIH V, MIRZA M, GRAVE A, et al. Asynchronous methods for deep reinforcement learning[C]//Proceedings of The 33rd International Conference on Machine Learning. New York: JMLR, 2016: 1928-1937.

[156] GU S, LILLICRAP T, GHAHRAMANI Z, et al. Q-prop: Sample-efficient policy gradient with an off-policy critic [J]. IEICE Transactions on Fundamentals of Electronics, Communications and Computer Sciences, 2016.

[157] LECUN Y. LeNet-5, convolutional neural networks[DB/OL]. (2015) [2021-06-15] http://yann. lecun. com/exdb/lenet.

[158] COLLOBERT R, WESTON J. A unified architecture for natural language processing: Deep neural networks with multitask learning[C]//Proceedings of the 25th international conference on Machine learning. New York: ACM, 2008: 160-167.

[159] LECUN Y, BOTTOU L, BENGIO Y,et al. Gradient-based learning applied to document recognition[J]. Proceedings of the IEEE, 1998, 86(11): 2278-2324.

[160] LECUN Y, HUANG F J, AND BOTTOU L. Learning methods for generic object recognition with invariance to pose and lighting[C]//Proceedings of the 2004 IEEE Computer Society Conference on Computer Vision and Pattern Recognition. Washington State: IEEE, 2004: 1063-6919.

[161] KRIZHEVSKY A, SUTSKEVER I, HINTON G E. Imagenet classification

with deep convolutional neural networks [C]//Proceedings of the 2012 Conference and Workshop on Neural Information Processing Systems. California: NIPS, 2012: 1097-1105.

[162] HUANG G, LIU Z, WEINBERGER K Q, et al. Densely connected convolutional networks[C]//Proceedings of the IEEE Conference on Computer Vision and Pattern Recognition. Hawaii: IEEE, 2017: 4700-4708.

[163] GIRSHICK R, DONAHUE J, DARRELL T, et al. Rich feature hierarchies for accurate object detection and semantic segmentation[C]//Proceedings of the IEEE Conference on Computer Vision and Pattern Recognition. Ohio: IEEE, 2014: 580-587.

[164] REN S, HE K, GIRSHICK R, et al. Faster r-CNN: Towards real-time object detection with region proposal networks[C]//Proceedings of the 2015 IEEE Transactions on Pattern Analysis and Machine Intelligence. Canada: NIPS, 2015: 91-99.

[165] ANDREJ K, LI F F. Deep visual-semantic alignments for generating image descriptions[C]//Proceedings of the IEEE Conference on Computer Vision and Pattern Recognition. Massachusetts: IEEE, 2015: 3128-3137.

[166] GIRSHICK R. Fast r-cnn[C]//Proceedings of the IEEE International Conference on Computer Vision. California: IEEE, 2015: 1440-1448.

[167] GIUSTI A, CIRESAN D C, FONTANA F, et al. A machine learning approach to visual perception of forest trails for mobile robots[J]. IEEE Robotics and Automation Letters, 2016, 1(2): 661-667.

[168] PARISOTTO E, SALAKHUTDINOV R. Neural map: Structured memory for deep reinforcement learning[J]. arXiv preprint arXiv:1702.08360, 2017.

[169] LAMPLE G, CHAPLOT D S. Playing FPS games with deep reinforcement learning[C]//Proceedings of the AAAI Conference on Artificial Intelligence. California: AAAI, 2017: 2140-2146.

[170] NARASIMHAN K, KULKARNI T, BARZILAY R. Language understanding for text-based games using deep reinforcement learning[J]. Proceedings of the 2015 Conference on Empirical Methods in Natural Language Processing, 2015.

[171] ZHU Y, KOLVE E, MOTTAGHI R, et al. Target-driven visual navigation in

indoor scenes using deep reinforcement learning[C]//Proceedings of the 2017 IEEE International Conference on Robotics and Automation. Singapore: IEEE, 2017: 3357-3364.

[172] PENG X B, BERSETH G, YIN K,etal. Deeploco: Dynamic locomotion skills using hierarchical deep reinforcement learning[J]. ACM Transactions on Graphics, 2017, 36(4): 41.

[173] NAIR A, SRINIVASAN P, BLACKWELL S, et al. Massively parallel methods for deep reinforcement learning[J]. arXiv preprint arXiv:1507.04296, 2015.

[174] DUAN Y, CHEN X, HOUTHOOFT R, et al. Benchmarking deep reinforcement learning for continuous control[C]//Proceedings of The 33rd International Conference on Machine Learning. New York: JMLR, 2016: 1329-1338.

[175] KULKARNI T D, NARASIMHAN K, SAEEDI A, et al. Hierarchical deep reinforcement learning: Integrating temporal abstraction and intrinsic motivation[C]//Proceedings of the 2016 IEEE Transactions on Pattern Analysis and Machine Intelligence. Barcelona: NIPS, 2016: 3675-3683.

[176] PENG X B, BERSETH G, VAN DE PANNE M. Terrain-adaptive locomotion skills using deep reinforcement learning[J]. ACM Transactions on Graphics, 2016, 35(4): 81.

[177] HAUSKNECHT M, STONE P. Deep reinforcement learning in parameterized action space[J]. arXiv preprint arXiv:1511.04143, 2015.

[178] BRABHAM D C. Crowdsourcing as a model for problem solving an introduction and cases[J]. Convergence, 2008, 14(1): 75-90.

[179] MAISONNEUVE N, STEVENS M, NIESSEN M E, et al. NoiseTube: Measuring and mapping noise pollution with mobile phones[C]//Proceedings of the Information technologies in environmental engineering. Greece: Springer, 2009: 215-228.

[180] D'HONDT E, STEVENS M, JACOBS A. Participatory noise mapping works! An evaluation of participatory sensing as an alternative to standard techniques for environmental monitoring[J]. Pervasive and Mobile Computing, 2013, 9(5): 681-694.

[181] RANA R, CHOU C T, BULUSU N, et al. Ear-phone: A context-aware noise

mapping using smart phones[J]. Pervasive and Mobile Computing, 2015, 17: 1-22.

[182] WANG Y, ZHENG Y, LIU T. A noise map of new york city[C]//Proceedings of the 2014 ACM International Joint Conference on Pervasive and Ubiquitous Computing: Adjunct Publication. New York: ACM, 2014: 275-278.

[183] WILLETT W, AOKI P, KUMAR N, et al. Common sense community: Scaffolding mobile sensing and analysis for novice users[C]//Proceedings of the International Conference on Pervasive Computing. Helsinki: Springer, 2010: 301-318.

[184] KIM S, ROBSON C, ZIMMERMAN T, et al. Creek watch: Pairing usefulness and usability for successful citizen science[C]//Proceedings of the SIGCHI Conference on Human Factors in Computing Systems. New York: ACM, 2011: 2125-2134.

[185] ZHENG Y, LIU F, HSIEH H P. U-air: When urban air quality inference meets big data[C]//Proceedings of the 19th ACM SIGKDD international conference on Knowledge discovery and data mining. New York: ACM, 2013: 1436-1444.

[186] ZHANG Y, CHEN M, MAO S, et al. CAP: Community activity prediction based on big data analysis[J]. IEEE Network, 2014, 28(4): 52-57.

[187] PEREZ A J, LABRADOR M A, BARBEAU S J. G-sense: A scalable architecture for global sensing and monitoring[J]. IEEE Network, 2010, 24(4): 57-64.

[188] MENDEZ D, PEREZ A J, LABRADOR M A, et al. P-sense: A participatory sensing system for air pollution monitoring and control[C]//Proceedings of the 2011 IEEE International Conference on Pervasive Computing and Communications Workshops. Washington State: IEEE, 2011: 344-347.

[189] HASENFRATZ D, SAUKH O, STURZENEGGER S, et al. Participatory air pollution monitoring using smartphones[J]. Mobile Sensing, 2012, 1-5.

[190] PREDIC B, YAN Z, EBERLE J, et al. Exposuresense: Integrating daily activities with air quality using mobile participatory sensing[C]//Proceedings of the 2013 IEEE International Conference on Pervasive Computing and Communications Workshops. California: IEEE, 2013: 303-305.

[191] PANKRATIUS V, LIND F, GOSTER A, et al. Mobile crowd sensing in space

weather monitoring: The mahali project[J]. IEEE Communications Magazine, 2014, 52(8): 22-28.

[192] CHEN M, ZHANG Y, LI Y, et al. EMC: Emotion-aware Mobile Cloud Computing in 5G[J]. IEEE Network, 2015, 29(2): 32-38.

[193] CHEN M, HAO Y, LI Y, et al. On The Computation Offloading at Ad Hoc Cloudlet: Architecture and Service Modes [J]. IEEE Communications Magazine, 2015, 53(6): 18-24.

[194] GANTI R K, PHAM N, AHMADI H, et al. GreenGPS: A participatory sensing fuel-efficient maps application[C]//Proceedings of the 8th international conference on Mobile systems, applications, and services. New York: ACM, 2010: 151-164.

[195] HU S, SU L, LIU H, et al. Smartroad: A crowd-sourced traffic regulator detection and identification system[C]//Proceedings of the 2013 ACM/IEEE International Conference on Information Processing in Sensor Networks. Pennsylvania: IEEE, 2013: 331-332.

[196] ZHANG F, WILKIE D, ZHENG Y, et al. Sensing the pulse of urban refueling behavior[C]//Proceedings of the 2013 ACM international joint conference on Pervasive and ubiquitous computing. New York: ACM, 2013: 13-22.

[197] ZHOU P, ZHENG Y, LI M. How long to wait?: Predicting bus arrival time with mobile phone based participatory sensing[C]//Proceedings of the 10th international conference on Mobile systems, applications, and services. New York: ACM, 2012: 379-392.

[198] CHRISTIN D, REINHARDT A, KANHERE S S, et al. A survey on privacy in mobile participatory sensing applications [J]. Journal of Systems and Software, 2011, 84(11): 1928-1946.

[199] RA M R, LIU B, LA PORTA T F, et al. Demo: Medusa: A programming framework for crowd-sensing applications [C]//Proceedings of the 10th international conference on Mobile systems, applications, and services. New York: ACM, 2012: 481-482.

[200] LIU C H, ZHANG B, SU X, et al. Energy-aware participant selection for smartphone-enabled mobile crowd sensing[J]. IEEE Systems Journal, 2015, PP(99): 1-12.

[201] LIU C H, ZHANG B, SU X, et al. Energy-aware participant selection for smartphone-enabled mobile crowd sensing[J]. IEEE Systems Journal, 2017, 11 (3): 1435-1446.

[202] GONZALEZ M C, HIDALGO C A, BARABASI A L. Understanding individual human mobility patterns[J]. Nature, 2008, 453(7196): 779-782.

[203] SMITH G, WIESER R, GOULDING J, et al. A refined limit on the predictability of human mobility[C]//Proceedings of the 2014 IEEE International Conference on Pervasive Computing and Communications. Budapest: IEEE, 2014: 88-94.

[204] ZHANG D, CHEN M, GUIZANI M, et al. Mobility prediction in telecom cloud using mobile calls[J]. IEEE Wireless Communications, 2014, 21(1): 26-32.

[205] RHEE I, SHIN M, HONG S, et al. K. Lee, S. On the levy-walk nature of human mobility[J]. IEEE/ACM Transactions on Networking, 2011, 19(3): 630-643.

[206] GAMBS S, KILLIJIAN M O, DEL PRADO CORTEZ M N. Next place prediction using mobility markov chains [C]//Proceedings of the First Workshop on Measurement, Privacy, and Mobility. New York: ACM, 2012: 3.

[207] LU X, LI D, XU B, et al. Minimum cost collaborative sensing network with mobile phones[C]//Proceedings of the 2013 IEEE International Conference on Communications. Budapest: IEEE, 2013: 1816-1820.

[208] RUAN Z, NGAI E, LIU J. Wireless sensor network deployment in mobile phones assisted environment [C]//Proceedings of the 2010 IEEE 18th International Workshop on Quality of Service. Beijing: IEEE, 2010: 1-9.

[209] WU Y, ZHU Y, LI B. Infrastructure-assisted routing in vehicular networks[C]//Proceedings of the 2012 IEEE INFOCOM. Florida: IEEE, 2012: 1485-1493.

[210] ZHANG D, XIONG H, WANG L, et al. Crowdrecruiter: Selecting participants for piggyback crowdsensing under probabilistic coverage constraint [C]//Proceedings of the 2014 ACM International Joint Conference on Pervasive and Ubiquitous Computing. New York: ACM, 2014: 703-714.

[211] WANG X, GOVINDAN K, MOHAPATRA P. Collusion-resilient quality of information evaluation based on information provenance[C]//Proceedings of the 8th Annual IEEE Communications Society Conference on Sensor, Mesh and Ad

Hoc Communications and Networks. Utah: IEEE, 2011: 395-403.

[212] AMINTOOSI H, KANHERE S S. A reputation framework for social participatory sensing systems[J]. Mobile Networks and Applications, 2014, 19(1): 88-100.

[213] BRACCIALE L, BONOLA M, LORETI P, et al. CRAWDAD dataset roma/taxi (v. 2014-07-17)[DB/OL]. (2014) [2021-08-15] http://crawdad. org/roma/taxi/20140717.

[214] ZHENG Y, XIE X, MA W. GeoLife: A collaborative social networking service among user, location and trajectory[J]. IEEE Data Engineering Bulletin, 2010, 33(2): 32-40.

[215] HUANG K L, KANHERE S S, HU W. On the need for a reputation system in mobile phone based sensing[J]. Ad Hoc Networks, 2014, 12: 130-149.

[216] VAN ERP M, SCHOMAKER L. Variants of the borda count method for combining ranked classifier hypotheses [C]//Proceedings of the 7th International Workshop on Frontiers in Handwriting Recognition. Amsterdam: International Unipen Foundation, 2000: 443-452.

[217] ORGANIZATION W H. Economic cost of the health impact of air pollution in europe: Clean air, health and wealth[J]. World Health Organization. Regional Office for Europe, 2015.

[218] GAO Y, DONG W, GUO K, et al. Mosaic: A low-cost mobile sensing system for urban air quality monitoring[C]//Proceedings of the 35th Annual IEEE International Conference on Computer Communications. California: IEEE, 2016: 1-9.

[219] FOTOPOULOU E, ZAFEIROPOULOS A, PAPASPYROS D, et al. Linked data analytics in interdisciplinary studies: The health impact of air pollution in urban areas[J]. IEEE Access, 2016, 4: 149-164.

[220] LIU M, HUANG Y, MA Z, et al. Spatial and temporal trends in the mortality burden of air pollution in china: 2004-2012[J]. Environment international, 2017, 98: 75-81.

[221] HASENFRATZ D, SAUKH O, WALSER C, et al. Pushing the spatio-temporal resolution limit of urban air pollution maps[C]//Proceedings of the 2014 IEEE

International Conference on Pervasive Computing and Communications. Budapest: IEEE, 2014: 69-77.

[222] MUELLER M, HASENFRATZ D, SAUKH O, et al. Statistical modelling of particle number concentration in zurich at high spatio-temporal resolution utilizing data from a mobile sensor network[J]. Atmospheric Environment, 2016, 126: 171-181.

[223] LIPOR J, BALZANO L. Robust blind calibration via total least squares[C]// Proceedings of the 2014 IEEE International Conference on Acoustics, Speech and Signal Processing. Florence: IEEE, 2014: 4244-4248.

[224] XIANG Y, PLEDRAHITA R, SHANG L, et al. Collaborative calibration and sensor placement for mobile sensor networks[C]//Proceedings of the 2012 ACM/IEEE 11th International Conference on Information Processing in Sensor Networks. New York: ACM, 2012: 73-84.

[225] SAUKH O, HASENFRATZ D, THIELE L. Reducing multi-hop calibration errors in large-scale mobile sensor networks[C]//Proceedings of the 14th International Conference on Information Processing in Sensor Networks. New York: ACM, 2015: 274-285.

[226] XI T, WANG W, TIAN Y, et al. Mutual information maximization for collaborative mobile sensing with calibration constraint[C]//Proceedings of the 2018 IEEE Global Communications Conference. Abu Dhabi: IEEE, 2018: 1-6.

[227] KANG X, LIU L, MA H. Data correlation based crowdsensing enhancement for environment monitoring[C]//Proceedings of the 2016 IEEE International Conference on Communications. Kuala Lumpur: IEEE, 2016: 1-6.

[228] GU D, HU H. Spatial gaussian process regression with mobile sensor networks [J]. IEEE Transactions on Neural Networks and Learning Systems, 2012, 23 (8): 1279-1290.

[229] XU Y, CHOI J. Adaptive sampling for learning gaussian processes using mobile sensor networks[J]. Sensors, 2011, 11(3): 3051-3066.

[230] LIU X, XI T, NGAI E, et al. Path planning for aerial sensor networks with connectivity constraints[C]//Proceedings of the 2017 IEEE International

Conference on Communications. Paris: IEEE, 2017: 1-6.

[231] GHARIBI M, BOUTABA R, WASLANDER S L. Internet of drones[J]. IEEE Access,2016, 4: 1148-1162.

[232] ZHANG B, LIU C H, TANG J, et al. Learning-based energy-efficient data collection by unmanned vehicles in smart cities[J]. IEEE Transactions on Industrial Informatics, 2018, 14(4): 1666-1676.

[233] HU K, RAHMAN A, BHRUGUBANDA H, et al. Hazeest: Machine learning based metropolitan air pollution estimation from fixed and mobile sensors[J]. IEEE Sensors Journal, 2017, 17(11): 3517-3525.

[234] APTE J S, GANI S, BRAUER M, et al. High-resolution air pollution mapping with google street view cars: Exploiting big data[J]. Environmental Science & Technology, 2017, 51(12): 6999-7008.

[235] BOUBRIMA A, BECHKIT W, RIVANO H. Optimal WSN deployment models for air pollution monitoring[J]. IEEE Transactions on Wireless Communications, 2017, 16(5): 2723-2735.

[236] ALVEAR O, ZEMA N R, NATALIZIO E, et al. Using UAV-based systems to monitor air pollution in areas with poor accessibility [J]. Journal of Advanced Transportation, 2017, 2017: 1-14.

[237] DUTTA J, CHOWDHURY C, ROY S, et al. Towards smart city: Sensing air quality in city based on opportunistic crowd-sensing[C]//Proceedings of the 18th International Conference on Distributed Computing and Networking. New York: ACM, 2017: 42.

[238] GAO H, LIU C, WANG W, et al. A survey of incentive mechanisms for participatory sensing[J]. IEEE Communications Surveys & Tutorials, 2015, 17(2): 918-943.

[239] FENG C, TIAN Y, GONG X, et al. MCS-RF: Mobile crowdsensing-based air quality estimation with random forest[J]. International Journal of Distributed Sensor Networks, 2018, 14(10): 1-1.

[240] ZHAO Y, HUANG B, MARINONI A, et al. High spatiotemporal resolution PM2. 5 concentration estimation with satellite and ground observations: A case

study in new york city［C］//Proceedings of the 2018 IEEE International Conference on Environmental Engineering. Milan：IEEE，2018：1-5.

[241] BAI X，YUN Z，XUAN D，et al. Deploying four-connectivity and full-coverage wireless sensor networks［C］//Proceedings of the 27th Conference on Computer Communications. Arizona：IEEE，2008：296-300.

[242] DING L，WU W，WILLSON J，et al. Constant-approximation for target coverage problem in wireless sensor networks［C］//Proceedings of the 2012 IEEE INFOCOM. Florida：IEEE，2012：1584-1592.

[243] ZHAO D，MA H，LIU L，et al. On opportunistic coverage for urban sensing ［C］//Proceedings of the 2013 IEEE 10th International Conference on Mobile Ad-Hoc and Sensor Systems. Zhejiang：IEEE，2013：231-239.

[244] TAN R，XING G，YUAN Z，et al. System-level calibration for data fusion in wireless sensor networks[J]. ACM Transactions on Sensor Networks，2013，9 (3)：28.

[245] MILUZZO E，LANE N D，CAMPBELL A T，et al. CaliBree：A self-calibration system for mobile sensor networks［C］//Proceedings of the International Conference on Distributed Computing in Sensor Systems. Greece：Springer，2008：314-331.

[246] LIU C H，CHEN Z，TANG J，et al. Energy-efficient UAV control for effective and fair communication coverage：A deep reinforcement learning approach[J]. IEEE Journal on Selected Areas in Communications，2018，36 (9)：2059-2070.

[247] YAO P，XIE Z，REN P. Optimal UAV route planning for coverage search of stationary target in river［J］. IEEE Transactions on Control Systems Technology，2017，27(2)：822-829.

[248] ZHOU Z，FENG J，GU B，et al. When mobile crowd sensing meets UAV：Energy-efficient task assignment and route planning[J]. IEEE Transactions on Communications，2018，66(11)：5526-5538.

[249] YANG Q，YOO S J. Optimal UAV path planning：Sensing data acquisition over IoT sensor networks using multi-objective bio-inspired algorithms［J］.

IEEE Access，2018，6：13671-13684.

[250] WILLIAMS C K，RASMUSSEN C E. Gaussian processes for machine learning ［M］. The MIT Press：Massachusetts，2006.

[251] SNELSON E L. Flexible and efficient gaussian process models for machine learning［J］. PhD thesis，Citeseer，2007.

[252] DEISENROTH M P，HUBER M F，HANEBECK U D. Analytic moment-based gaussian process filtering ［C］//Proceedings of the 26th Annual International Conference on Machine Learning. New York：ACM，2009：225-232.

[253] DEISENROTH M P，TURNER R D，HUBER M F，et al. Robust filtering and smoothing with gaussian processes［J］. IEEE Transactions on Automatic Control，2012，57(7)：1865-1871.

[254] GIRARD A，RASMUSSEN C，CANDELA J Q，et al. Gaussian process priors with uncertain inputs application to multiple-step ahead time series forecasting ［J］. Advances in neural information processing systems，2002，15.

[255] THOMAS M，JOY A T. Elements of information theory［J］. Publications of the American Statistical Association，2006.

[256] SUN Y，YANG F，GAO J. Near-optimal power allocation and layer assignment for LACO-OFDM in visible light communication［C］//Proceedings of the 2017 IEEE Global Communications Conference. Singapore：IEEE，2017：1-6.

[257] LI J J，FALTINGS B，SAUKH O，et al. Sensing the air we breathe-the opensense zurich dataset ［C］//Proceedings of the 26th AAAI Conference on Artificial Intelligence. Ontario：AAAI，2012：323-325.

[258] KRAUSE A，SINGH A，GUESTRIN C. Near-optimal sensor placements in gaussian processes：Theory，efficient algorithms and empirical studies［J］. Journal of Machine Learning Research，2008，9：235-284.

[259] SABATINI R，RICHARDSON M，BARTEL C，et al. A low-cost vision based navigation system for small size unmanned aerial vehicle applications ［J］. Journal of Aeronautics and Aerospace Engineering，2013，2(2)：1-16.

[260] WAN J，LIU J，SHAO Z，et al. Mobile crowd sensing for traffic prediction in

internet of vehicles[J]. Sensors, 2016, 16(1): 88.

[261] MOTLAGH N H, BAGAA M, TALEB T. Uav-based iot platform: A crowd surveillance use case[J]. IEEE Communications Magazine, 2017, 55(2): 128-134.

[262] SIMIC M, BIL C, VOJISAVLJEVIC V. Investigation in wireless power transmission for UAV charging[J]. Procedia Computer Science, 2015, 60: 1846-1855.

[263] KAELBLING L P, LITTMAN M L, MOORE A W. Reinforcement learning: A survey[J]. Journal of artificial intelligence research, 1996, 4: 237-285.

[264] MIZUTANI E, DREYFUS S E. Totally model-free reinforcement learning by actor-critic elman networks in non-markovian domains[C]//Proceedings of the 1998 IEEE International Joint Conference on Neural Networks Proceedings. IEEE World Congress on Computational Intelligence. Alaska: IEEE, 1998: 2016-2021.

[265] DEISENROTH M P, NEUMANN G, PETERS J, et al. A survey on policy search for robotics[J]. Foundations and Trends in Robotics, 2013, 2(1-2): 1-142.

[266] PETERS J, SCHAAL S. Policy gradient methods for robotics[C]//Proceedings of the 2006 IEEE/RSJ International Conference on Intelligent Robots and Systems. Beijing: IEEE, 2006: 2219-2225.

[267] SUTTON R S, MCALLESTER D A, SINGH S P, et al. Policy gradient methods for reinforcement learning with function approximation[C]// Advances in Neural Information Processing Systems 12. Colorado: NIPS, 2000: 1057-1063.

[268] SCHULMAN J, MORITZ P, LEVINE S, et al. High-dimensional continuous control using generalized advantage estimation[J]. arXiv preprint arXiv:1506. 02438, 2015.

[269] ABADI M, AGARWAL A, BARHAM P, et al. Tensorflow: Large-scale machine learning on heterogeneous distributed systems[J]. arXiv preprint arXiv:1603. 04467, 2016.

[270] GISDAKIS S, GIANNETSOS T, PAPADIMITRATOS P. Sppear: Security &

privacy-preserving architecture for participatory-sensing applications［C］//
Proceedings of the 2014 ACM conference on Security and privacy in wireless &
mobile networks. Oxford: ACM, 2014: 39-50.

［271］ VERGARA-LAURENS I J, MENDEZ D, LABRADOR M A. Privacy, quality
of information, and energy consumption in participatory sensing systems［C］//
Proceedings of the 2014 IEEE International Conference on Pervasive
Computing and Communications. Budapest: IEEE, 2014: 199-207.

［272］ DE CRISTOFARO E, DI PIETRO R. Preserving query privacy in urban sensing
systems［C］//Proceedings of the International Conference on Distributed Computing
and Networking. Hong Kong: Springer, 2012: 218-233.

［273］ LI Q, CAO G. Privacy-preserving participatory sensing［J］. IEEE Communications
Magazine, 2015, 53(8): 68-74.

［274］ LI Y, AI C, VU C T, et al. Delay-bounded and energy-efficient composite
event monitoring in heterogeneous wireless sensor networks［J］. IEEE
Transactions on Parallel and Distributed Systems, 2010, 21(9): 1373-1385.

［275］ SAKAKI T, OKAZAKI M, MATSUO Y. Earthquake shakes twitter users:
Real-time event detection by social sensors［C］//Proceedings of the 19th
international conference on World wide web. Carolina: ACM, 2010: 851-860.

［276］ LI R, LEI K H, KHADIWALA R, et al. Tedas: A twitter-based event
detection and analysis system［C］//Proceedings of the 2012 IEEE 28th
International Conference on Data Engineering. Virginia: IEEE, 2012:
1273-1276.

［277］ ZHU Y, LIU Y, NI L M, et al. Low-power distributed event detection in
wireless sensor networks［C］//Proceedings of the 26th IEEE International
Conference on Computer Communications. Alaska: IEEE, 2007: 2401-2405.

［278］ VU C T, BEYAH R A, LI Y. Composite event detection in wireless sensor
networks［C］//Proceedings of the 2007 IEEE International Performance,
Computing, and Communications Conference. Los Angeles: IEEE, 2007: 264-
271.

［279］ BAE E, YUAN J, BOYKOV Y, et al. A fast continuous max-flow approach to non-convex multi-labeling problems [C]//Proceedings of the Efficient algorithms for global optimization methods in computer vision. Germany: Springer, 2014: 134-154.

[280] STOER M, WAGNER F. A simple min-cut algorithm [J]. Journal of the ACM, 1997, 44(4): 585-591.

[281] CANNY J F. Finding edges and lines in images [R]. Cambridge: Artificial Intelligence Lab, 1983:149.